全国专业技术人员计算机应用能力考试命题研究中心　编著

全国专业技术人员
计算机应用能力考试
专用教程

Word 2003
中文字处理

人民邮电出版社
北京

图书在版编目（ＣＩＰ）数据

Word 2003中文字处理 / 全国专业技术人员计算机应用能力考试命题研究中心编著. -- 北京：人民邮电出版社，2010.1

全国专业技术人员计算机应用能力考试专用教程
ISBN 978-7-115-21616-8

Ⅰ．①W… Ⅱ．①全… Ⅲ．①文字处理系统，Word 2003－资格考核－自学参考资料 Ⅳ．①TP391.12

中国版本图书馆CIP数据核字(2009)第196513号

内 容 提 要

本书以我国人力资源和社会保障部考试中心颁布的最新版《全国专业技术人员计算机应用能力考试考试大纲》为依据，在多年研究该考试命题特点及解题规律的基础上编写而成。

本书共 11 章。第 0 章在深入研究考试大纲和考试环境的基础上，总结提炼出考试的重点及命题方式，为考生提供全面的复习、应试策略。第 1 章～第 10 章根据 Word 2003 科目的考试大纲要求，分类归纳了 10 个方面的内容，主要包括 Word 2003 基础知识，查看、管理和打印文档，输入、编辑与校对文本，设置字符格式，设置段落格式，设置页面格式，使用表格，添加图形对象，编辑长文档及制作批量文档。在讲解各章节前均对该章内容进行考点分析，并在各小节结束后提供模拟练习题，供考生上机自测练习。

本书配套的模拟考试光盘不仅提供上机考试模拟环境及 10 套试题（共 400 道题），还提供考试指南、模拟练习、试题精解和书中素材等内容，供考生复习时使用。

本书适合报考全国专业技术人员计算机应用能力考试《Word 2003 中文字处理》科目的考生选用，也可作为大中专院校相关专业的教学辅导书或各类相关培训班的教材。

全国专业技术人员计算机应用能力考试专用教程——
Word 2003 中文字处理

◆ 编　　著　全国专业技术人员计算机应用能力考试命题研究中心
　　责任编辑　李　莎

◆ 人民邮电出版社出版发行　　北京市崇文区夕照寺街 14 号
　　邮编　100061　　电子函件　315@ptpress.com.cn
　　网址　http://www.ptpress.com.cn
　　北京艺辉印刷有限公司印刷

◆ 开本：800×1000　1/16
　　印张：14
　　字数：316 千字　　　　　　　　　2010 年 1 月第 1 版
　　印数：1－5 000 册　　　　　　　　2010 年 1 月北京第 1 次印刷

ISBN 978-7-115-21616-8

定价：38.00 元（附光盘）

读者服务热线：(010)67132692　印装质量热线：(010)67129223
反盗版热线：(010)67171154

▦ 编 委 会 ▦

▪▪ 丛 书 序 ▪▪

▶ 组织编写本丛书的初衷 ◀

　　全国专业技术人员计算机应用能力考试（又称计算机应用能力考试）是由我国人力资源和社会保障部组织的主要面向非计算机专业人员的考试，考试成绩作为评聘专业技术职务的条件之一。编者在多年对该考试的辅导培训工作中发现，由于是针对非计算机专业技术人员的无纸化考试，不少考生从未接触过计算机，面对分布广泛的知识点难以抓住考试重点，加上缺少对上机考试环境的认识与了解，往往不知该如何应对考试，应考压力较大。

　　为了引导广大考生掌握复习要点与方法，熟悉考试环境，提高应试能力，本丛书的编委们对历年考题进行了深入剖析，并根据考试大纲和多年的教学经验编写了本丛书。

　　本丛书目前共推出 5 本，分别为：

◆ 《全国专业技术人员计算机应用能力考试专用教程——中文 Windows XP 操作系统》
◆ 《全国专业技术人员计算机应用能力考试专用教程——Excel 2003 中文电子表格》
◆ 《全国专业技术人员计算机应用能力考试专用教程——Word 2003 中文字处理》
◆ 《全国专业技术人员计算机应用能力考试专用教程 ——PowerPoint 2003 中文演示文稿》
◆ 《全国专业技术人员计算机应用能力考试专用教程——Internet 应用》

▶ 本丛书能给考生带来的帮助 ◀

1. 紧扣考试大纲，明确复习要点，减少复习时间

　　本丛书以最新的考试大纲为依据，并深入研究了近几年的考试真题，在全面覆盖考试大纲知识点的基础上合理地划分学习模块，并对知识点进行重新归纳，使考生既能掌握具体的知识点，又能较好地把握整个知识体系，而不会感到内容零散和跳跃性大。同时，在讲解各章之前均结合考试大纲罗列出考点要求，并在讲解各小节知识之前通过考点分析和学习建议两个小板块指出复习的重点，帮助考生提高复习效率。

2. 按题型举例讲解，考生可反复练习，易于记忆

　　为帮助考生顺利掌握大量的知识点，书中以清晰的标题级别对各知识点进行分门别类地讲解。同时，对于有多种操作方法的知识点，则通过方法 1、方法 2……的方式进行详细介绍，并对一些重点和难点还会结合考试题型举例介绍，也就是说书中的大部分操作步骤实际上对应的是考题的详细解题步骤。考生可结合书中的操作步骤反复进行上机练习，以强化巩固所学知识。

3. 讲解浅显易懂、易于操作，让初学者一学就会

　　由于考生是非计算机专业人员，对计算机的操作不太熟悉。因此本丛书结合新手学习计算机的特点，尽量做到语言描述清楚、浅显，使考生一看就懂。操作步骤明确、一步一图，并通

过在图中配上操作提示的方式，帮助考生通过读图就能掌握操作方法。此外，书中还提供"提示"和"考场点拨"两个小栏目，帮助刚刚接触计算机的考生轻松上手。

4．各章小节后都提供模拟练习题，突出上机操作，帮助考生举一反三

模拟练习题类似于真题，是根据其对应小节的知识点在考试题库中的命题类型及方式精心设计的。考生通过模拟练习不仅可以巩固所学知识点，还可进一步掌握考试重点，并能对其他相似操作举一反三。

5．配套模拟考试光盘，帮助考生熟悉考试环境，做到心中有数

本丛书的配套光盘中提供模拟考试系统，使考生提前熟悉上机考试环境及方式，其中提供的 400 道模拟考试题及其试题精解演示，可供考生模拟演练并通过解答获知答题思路及具体操作方法，进一步突破复习难点，取得事半功倍的学习效果。

▶ 怎样使用本丛书 ◀

◈ 充分了解考试要求，明确复习思路。建议考生先仔细阅读第 0 章的考纲分析与应考策略，充分了解到底要考哪些知识点，弄清考试重点，掌握复习方法，了解考试过程中应注意的问题及解题技巧。

◈ 抓住考试重点，有的放矢。不主张考生采用题海战术，因为并不是练习做得越多就越好，因为考试是随机抽题，而考题的要求也是会千变万化的，但考查的重点与方式基本不变。因而考生应注意对各种知识点进行归纳总结，这样在复习时才能抓住重点，掌握其操作要领，以不变应万变。建议将这些知识点与各软件的主菜单对应起来学习，这样在考试时可快速找准操作命令。

◈ 善用配套光盘，勤于练习。建议考生将复习精力和大部分时间放在考试大纲中要求掌握的基础知识和重点知识上，然后通过配套光盘提供的模拟考试系统进行反复练习，不仅能熟悉考试环境，还能检测自己的掌握情况，及时查漏补缺。

▶ 联系我们 ◀

尽管在编写与出版过程中，编者一直精益求精，但由于水平有限，书中难免有疏漏和不足之处，恳请广大读者批评指正。

本丛书责任编辑的联系邮箱为：lisha@ptpress.com.cn。

编者

2009 年 8 月

▪▪ 光盘使用说明 ▪▪

将光盘放入光驱中，光盘会自动开始运行，并进入演示主界面。若不能自动运行，可在"我的电脑"窗口中双击光盘盘符，或在光盘的根目录下双击 autorun.exe 文件图标也可运行光盘。

在光盘演示主界面上方有"考试简介"、"应试指南"、"模拟练习"、"试题精解"、"仿真考试""实例素材"以及"退出系统"等几个选项卡，单击某个选项卡，即可进入对应模块。下面分别介绍各个模块的功能。

1."考试简介"模块

该模块主要是介绍全国专业技术人员计算机应用能力考试的考试形式、考试时间和考试科目等内容，单击右侧窗格中的按钮即可查看相应内容，如图 1 所示。

图 1 "考试简介"模块的主界面

2."应试指南"模块

该模块主要是介绍关于"全国专业技术人员计算机应用能力考试"的考试系统的使用方法，单击其右侧窗格中的按钮即可查看相应的内容，如图 2 所示。

图 2 "应试指南"模块

3."模拟练习"模块

在该模块中可以按照图书中的章节、有计划地练习本光盘题库中的每一道题。在右侧窗格中单击章节标题可以显示出该章节下的所有题目，再单击题目名称即可在该窗格的右下方显示具体的题目要求，并可在左侧窗格中进行练习。如果不知道该怎样操作，可以右侧窗格下方的单击"怎么继续做这道题"按钮查看提示信息。若要返回"模拟练习"的主界面可单击右侧窗格底部的"返回本板块主界面"按钮，如图 3 所示。

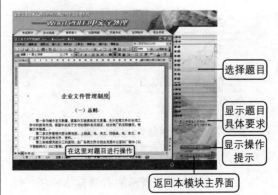

图 3 "模拟练习"模块

4. "试题精解"模块

该模块以视频演示的方式，展示了本光盘题库中每一道题的解题方法及操作过程。在右侧窗格中单击章节标题可以显示该章节下的所有题目，再单击题目名称即可在右下方显示具体的题目要求。此时单击"看看本题怎么做"按钮，即可观看该题的解答演示，如图4所示。

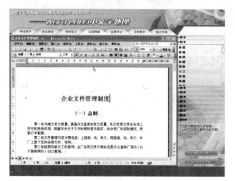

图4 "试题精解"模块

5. "仿真考试"模块

该模块提供了10套、共400道试题供读者进行模拟考试，其主界面如图5所示。在右侧窗格中可以通过"第1套题"～"第10套题"按钮选择相应的试题，也可以通过"随机生成一套试题"按钮随机抽题。

图5 "仿真考试"模块

（1）在单击图5所示的右侧窗格的任一按钮选题后即可进入登录界面，在此输入考生的身份证号（模拟考试时可以输入15位数字或者18位数字）和座位号（2位数字），如图6所示。

图6 仿真考试的登录界面

（2）单击"登录"按钮进入提示界面，此时应仔细阅读其中的"操作提示"信息，并等待进入考试界面，如图7所示。

图7 操作提示界面

（3）进入考试界面，可以看到右下角有一个对话框，如图8所示。在该对话框的中间窗格显示的是该题的"操作要求"，单击"上一题"和"下一题"按钮可以跳转题目，单击"重做本题"按钮可以重做该题，单击"标识本题"按钮可对当前题目进行标识，单击"选题"按钮可以在弹出的对话框中任意选择要做的题目。

说明：在单击"选题"按钮后弹出的对话

框中，曾被"标识"过的题目号将以红色呈现，此时可以方便地识别与选择被标识的题目。

图8　试题解答界面

（4）答题结束后单击"结束考试"按钮，在打开的对话框中连续单击"交卷"按钮可以结束考试，并显示本次考试的得分，如图9所示。单击"返回"按钮，将返回"仿真考试"模块的主界面。单击"查看错题演示"按钮将进入"错题演示"模块，在该模块中可以查看在这次仿真考试中所有做错了的题目的操作演示。

图9　结束考试界面

6."实例素材"模块

单击图1所示光盘主界面的"本书实例素材及效果文件"按钮，可以打开光盘的根目录，其中提供了"素材"和"效果"两个文件夹，读者可以从中找到本书中所有使用过的素材和效果文件。建议将这两个文件夹复制到电脑硬盘中，以便在学习过程中随时调用。

7."退出系统"模块

在图1所示的光盘主界面中单击"退出系统"选项卡将直接退出系统。

❖ 目 录 ❖

第 0 章 · 考纲分析与应试策略 ·

0.1 考试介绍

"全国专业技术人员计算机应用能力考试"（又称"全国职称计算机考试"或"全国计算机职称考试"）是由国家人力资源和社会保障部组织的针对非计算机专业人员的考试，主要考核考生在计算机和网络方面的实际应用能力，考试重点不是计算机构造、原理、理论等方面的知识，而是注重应试人员在从事某一方面应用时所应具备的能力。考试合格，可获得国家人力资源和社会保障部统一印制的《全国专业技术人员计算机应用能力考试合格证》，此证书作为评聘相应专业技术职务时对计算机应用能力要求的凭证，在全国范围内有效。

0.1.1 考试形式

考试科目采取模块化设计，每一科目单独考试。考试全部采用实际操作的考核形式，由 40 道上机操作题构成，每科考试时间为 50 分钟。

在考试过程中，考试系统会截取某一操作过程让应试人员进行操作，通过对应试人员实际操作过程的评价，判断其是否达到操作要求、是否符合操作规范，进而测量出应试人员的实际应用能力。

0.1.2 考试时间

全国职称计算机考试不设定全国统一的考试时间，各省市的考试时间由相应的人事部门确定，一般一年有多次考试的机会，报考前可以查阅当地人事部门的相关通知。考生在某一考试中如果未能通过，可以多次重复报考该科目，多次参加考试，直到通过考试。

0.1.3 考试科目

从 2009 年开始，该考试开始逐渐淘汰《中文 Windows 98 操作系统》、《Word 97 中文字处理》、《WPS Office 办公组合中文字处理》、《Excel 97 中文电子表格》、《PowerPoint 97 中文演示文稿》、《计算机网络应用基础》和《AutoCAD（R14）制图软件》等 7 个基于过时软件版本的考试科目，现主要有 18 个科目可供报考，其详细情况可参考随书光盘的"考试简介"模块。

报考时应选择自己最为常用、最为熟悉或者与平常应用有一定相关性的科目才有利于顺利通过考试。如 Windows XP 和 Word 2003 是我们平常工作和生活中接触较多的软件。而 Excel 2003 和 PowerPoint 2003 又与 Word 2003 有一定相关性，很多基本操作方法都相同或相似。

0.2 考试内容

《Word 2003 中文字处理》的考试要求如下。

1．Word 2003 基础

（1）要求掌握的内容。

◈ 启动 Word、创建空文档以及使用向导或模板建立文档；

◈ 将文档存为不同格式的方法；

◈ 通过文档窗口、文档视图和选择浏览对象查看文档；

◈ 在 Word 中搜索或打开文件、设置文件保存位置以及保护文档安全的技术；

◈ 打印预览、选择打印范围、打印副本和双面打印的方法；

◈ Word 2003 的工作环境，包括菜单和对话框、任务窗格、工具栏、快捷键和功能键的使用；

◈ 获取帮助的各种方法。

（2）要求熟悉的内容。

查看并填写文件属性中的信息。

（3）要求了解的内容。

◈ 如何建立自己的模板；

◈ 保存时压缩图片、设置保存选项以及使用文档版本的方法；

◈ 缩放打印和打印选项的作用；

◈ 能够方便用户操作的智能标记；

◈ 如何设置帮助选项。

2．制作文本

（1）要求掌握的内容。

◈ 输入日期和时间、输入页码和设置页码格式；

◈ 符号和特殊符号的输入；

◈ 定位插入点、选择文本、复制和粘贴文本、剪切和移动文本、引用现有文件、查找和替换字符以及撤消或恢复操作；

◈ 选择性粘贴和使用 Office 剪贴板；

◈ 拼写和语法检查的使用；

◈ 拼写和语法选项的设置。

（2）要求熟悉的内容。

◈ 如何建立超链接；

◈ 查找和替换格式的简便方法；

◈ 使用修订工具修改文稿；

◈ 比较与合并文档的操作。

（3）要求了解的内容。

◈ 自定义符号栏的操作；

◈ 自动图文集词条的建立和使用。

3．表格

（1）要求掌握的内容。

◈ 插入表格、自动调整表格和套用表格格式；

◈ 制作表头，添加行、列或单元格的方法；

◈ 如何删除行、列或单元格，如何调整行宽或列宽以及合并或拆分单元格；

◈ 设置表格边框和底纹；

◈ 如何设置单元格内容的格式；

◈ 调整"表格属性"的操作。

（2）要求熟悉的内容。

绘制或擦除表格线的方法。

4．图形对象

（1）要求掌握的内容。

◈ 基本几何图形、自选图形和标准图形

的画法；
◈ 图形的组合、对齐或分布、旋转或翻转的操作；
◈ 如何精确设置图形的大小和角度；
◈ 设置图形的颜色与线条；
◈ 图形的文字环绕方式；
◈ 插入、处理图片或剪贴画；
◈ 插入艺术字和更改艺术字样式的操作；
◈ 插入文本框和设置文本框格式的技术；
◈ 图示的使用技巧；
◈ 建立数学公式的基本操作；
◈ 插入图表的基本操作。

(2) **要求熟悉的内容。**
◈ 绘图画布的使用；
◈ 图形的叠放次序；
◈ 编辑图示的方法；
◈ 修改数学公式和选择图表类型的操作。

(3) **要求了解的内容。**
◈ 图形的微移和绘图网格的设置；
◈ 图形的阴影样式和三维样式；
◈ 如何设置艺术字形状；
◈ 转换图示类型的简单方法。

5. 文档格式

(1) **要求掌握的内容。**
◈ 页边距和纸张方向的控制；
◈ 设置纸张大小、分栏和添加相同的页眉和页脚。

(2) **要求熟悉的内容。**
◈ 分页符和分节符等分隔符的使用；
◈ 如何设置不同的页眉和页脚；
◈ 使用"主题"快速设置文档格式。

(3) **要求了解的内容。**
◈ 页面版式的主要选项；
◈ 使用框架划分文档的操作；

◈ 如何为文档添加背景和水印。

6. 段落格式

(1) **要求掌握的内容。**
◈ 中文文档中常用的段落样式；
◈ 转换段落样式和取消段落样式的方法；
◈ 人工调整段落的对齐、缩进、段间距和行间距；
◈ 使用项目符号或编号的方法。

(2) **要求熟悉的内容。**
自定义项目符号或编号的格式。

(3) **要求了解的内容。**
◈ 如何控制段落的换行和分页；
◈ 显示并调整所选段落格式的简便方法。

7. 字符格式

(1) **要求掌握的内容。**
◈ 字体、字形和字号的设置；
◈ 上标、下标、空心字等字体效果的使用方法；
◈ 字间距的调整；
◈ 改变 字符颜色、添加底纹、添加下划线或边框的技术。

(2) **要求熟悉的内容。**
◈ 中文简繁转换和英文大小写转换；
◈ 字符缩放的操作；
◈ 给中文添加拼音和带圈字符的制作。

(3) **要求了解的内容。**
◈ 怎样提升或降低字符位置；
◈ 中文混排与合并的特殊格式。

8. 编辑长文档

(1) **要求掌握的内容。**
◈ 多级大纲的使用；
◈ 移动、展开、折叠和分级显示大纲的操作。

(2) **要求熟悉的内容。**

◈ 多级符号的使用；

◈ 如何套用列表样式；

◈ 创建目录的快速方法。

(3) **要求了解的内容。**

◈ 脚注和尾注的使用；

◈ 题注和交叉引用。

9. 批量文档

(1) **要求熟悉的内容。**

◈ 制作信封或标签的简便方法；

◈ 建立主文档和在主文档中插入数据。

(2) **要求了解的内容。**

◈ 几种常用窗体的用法；

◈ 如何使用带有窗体的文档。

0.3 复习方法

掌握合理的复习方法可以使自己应考时能够得心应手、游刃有余。

0.3.1 熟悉考试形式

该考试是无纸化考试，要求全部在计算机上操作，侧重考查考生的实际操作能力。因此，在复习时除了要选购一本合适的教材外，还应有一张包含模拟考试系统的光盘，以便进行模拟练习，提前熟悉考试系统，感受考试气氛，对考试的形式做到心中有数。实际考试时，有些没使用过模拟考试软件的考生由于不熟悉考试规则和操作而不知所措，导致没有通过考试，十分可惜。

0.3.2 全面细致复习，注重上机操作

考试侧重于考查基本操作，涉及的知识点多而全，很可能会考到不少考生平时根本没用过的东西。因此复习时应对照考试大纲对相关知识点进行全面细致的复习。

由于考试采取机试的方式，考查考生的实际操作能力，所以考生在复习过程中，应根据教材的讲解，尽量边学习边上机操作，对于考试大纲要求的每一个知识点均在计算机上进行操作，对于重要知识点甚至可以多次反复练习。在掌握基本操作的基础上，可以有针对性

地使用模拟考试系统进行测试巩固，找出自己的薄弱点，重点复习。

有的考生在复习时喜欢购买大量的仿真题来做，认为只有这样才可以保证顺利通过考试。其实复习时没有必要去过多地购买各种各样的仿真试题来做，这些试题都是根据考试大纲的知识点来设计的，只要复习时多研究考试大纲，多上机操作，即可轻松应对考试。很多仿真试题考查的知识点是相同的，复习时关键在于掌握解题方法，而不在于能记忆多少道试题的具体操作步骤。

在熟悉考试大纲所要求的基本操作的基础上，建议使用本书配套光盘中的"模拟练习"和"模拟考试"功能进行练习和模拟考试，该系统中包含10套共400道完整试题，并有详尽的解题演示供考生反复观看学习，这有助于掌握绝大部分知识点的基本操作和熟悉考试环境。

0.3.3 归纳整理，适当记忆

复习时进行一定的归纳整理，可以使复习渐渐变得轻松。譬如，在计算机中，要达到同一目的往往有很多种方法，但总结起来往往是以下几种：执行某项菜单命令、单击某工具栏按钮、执行某右键菜单命令、按某快捷键。考试时如果题目中没有明确地要求或暗示使用某

种方法，而自己使用常用的方法又无法解题，则应考虑使用其他几种方法。

对于一些常用的或重要的快捷键，以及 Word 中的相关术语，如页码大小、对齐方式、样式等，应适当加以记忆，否则如果考试时遇到考查该知识点，就会不知所措。

0.4 应试经验与技巧

掌握一些从实践中总结出来的经验和技巧，可以在考试时充分发挥出自己的实际水平，从而取得较为理想的成绩。

0.4.1 考试细节先知晓

该考试采取网络报名、上机考试的方式，考生应注意考试前、考试中的一些细节。

（1）不要弄错考试的具体时间和地点。异地参考尤其不要晚到，考试前应清楚考点的具体地址，最好能提前摸清从居住地到考点的路线、交通方式以及路上大致花费的时间，以免错过考试时间。

（2）仔细阅读准考证上的考试须知。计算机考试有别于其他考试，千万不要犯经验错误。入场时间一般在考前 30 分钟，具体见准考证。千万不能忘了带准考证和身份证，以免进不了考场。

（3）考试采取网上报名，现场照相的方式。该照片不仅用于识别应试人员的身份，还在应试人员考试合格后被打印到应试人员的考试证书上，这样能够有效地预防应试人员替考，保证考试的公平与公正。照相后应按照考场中的计算机编号对号入座。双击考试工具输入准考证上的身份证号和座位号，单击"登录"按钮，进入待考界面。如果准考证上的身份证号有误，考后应联系监考老师更正。

（4）考试系统只允许登录一次，一旦退出系统便认为是交卷，不能再次登录。这一点与本书配套光盘中提供的能多次登录的模拟考试系统有所不同，真正考试时不能像模拟考系统那样现场查看成绩，而是单击"结束考试"按钮并确认交卷后就不能再答题了。考生答完题即使不单击"结束考试"按钮，考试时间结束后，计算机会自动交卷。

（5）考试过程中如果出现死机、突然断电等情况，不必紧张，请告知监考老师处理。考试中如果出现鼠标点击什么地方都没有反应，如单击"上一题"、"下一题"时没有出现题目的变化等情况，就可判断为死机。无论出现什么情况，考生之前做过的题都保存在系统中，不会因为故障而丢失。等监考老师排除故障后可以继续考试，时间也会续算，不会因此而减少。

（6）每个考生的试卷都是在考前临时随机生成的，无规律可言。不同考生所生成的试卷也不同，这样能够有效地预防考生之间的抄袭行为，保证考试的公平与公正。

0.4.2 做题方法技巧多

为了考查考生对各方面知识点的应用能力，考试系统有一些特别的地方，因此考生在做题时也可应用一些解题技巧。

1. 掌握"先易后难"的做题总原则

参加考试的基本要求是合格，也就是说只需要答对 24 道题目就能通过考试。如果要在 50 分钟内做 40 道操作题，这就要求考生应快速地做题。当阅读一道题时，如果不能第一时间看出该题的做法，或者即使能看出该题的做法，但是已经知道这道题在做的时候非常麻烦，需要的步骤多、时间长，可以先不做该题，用鼠标单击一下"标识本题"按钮，继续做下一题。

第一轮做完，再来做标识的题目，以增加通过考试的几率，甚至获取高分：单击一下"选题"按钮，那些标识为红色的题目就是自己标识的未做的题，用鼠标单击题号切换到相应的题目，继续做该题。如果经过较长时间仍然不能解出该题，就继续标识该题，再去做其他未做的题目。用这种方法，可以保证自己在规定时间内能做完易做的题目，不致因为时间分配不当而丢掉自己有把握做对的题目的分数。

在使用这种方法时，应注意将只要没做完或没想出解决方法的题目都做标识，如果第二轮、第三轮没有做出经过标识的题目时，更应该再一次地标识该题，否则以后就不知道自己还有哪些题目没有做出来了。

2．注意理解领会题目的考查意图

在平常应用中，完成一个操作可能有多种方法，但是由于考试的试题是被设计在特定的试题环境下，有的题目设计时只想考查考生使用某一种方法的能力。因此，考生必须注意判断命题者的考查意图，分析出题目要求用哪种具体操作才能正确地做对，而不能只用自己习惯的方式去操作。

比如，有一道题目为：从 Office Online 下载一个 Office 模板。一般来说，大部分考生所熟悉的操作方法是启动 IE 浏览器，再进行下载。但是，题目并没有提供网址，而且通过 IE 浏览器下载的方法与 Word 本身没有太大的关系。因此解答本题只能先启动 Word，打开"新建文档"任务窗格，单击"Office Online 模板"链接，在打开的网页中再进行下载。

这种限制考生解题只能用一种方法的题目在考试中经常出现。比如，当使用菜单命令或者单击工具栏中的常用工具按钮都不能完成试题时，应考虑单击鼠标右键试试能否调出快捷菜单，很多试题就是专门考查考生使用鼠标右键调用快捷菜单功能的。因此，这就要求考生在练习时要注意一题多解，即在练习时要多注意这一道题有哪几种做法，并逐一尝试，当然在考试时用其中的一种做法就可以了。

3．善于利用考试系统的仿真环境

该考试采用仿真环境进行考试，也就是说如果参加 Word 2003 科目的考试，考试时使用的并不是真正的 Word 2003 系统，而只是一个仿真平台。在这种平台上，考生答题的时候只有采用了正确的操作方式，界面才会有变化，才能继续下一步操作，否则考试程序没有响应。一般来说，试题解答完毕后，对试题界面执行任何操作都不会再有响应。

如果这一道试题的界面依然可以操作，说明这道题目做得还不完整，或者根本没有做对，这也提醒考生需要重做本题。

4．大胆解题、细心观察

由于考试环境是一个仿真环境，与当前题目无关的菜单、工具按钮等都被屏蔽了，只有选对了菜单命令，或单击了正确的工具按钮，才会打开相应的对话框继续下面的操作，或者界面才会有相应的变化。所以当考生大致确定使用哪一种方式解题时，便可大胆地去尝试，同时须进行仔细地观察，如果方法不正确是不会有响应的，这样可以提高自己的做题速度。

另外，如果自己要找的选项在对话框中的内容较多时，不需要逐项去找，也不需要去认真思考，只要拖动滚动条到相应的位置，如果正确的选项在这一区域，系统就会停止于这一区域，再拖动滚动条也拖不动了，在这一区域中再单击各选项，能够选中的选项就是题目所要求的选项。

因此，考试时应大胆地执行相应的命令，细心地观察操作的效果，直到操作的结果是一张静止的图片为止。

5. 掌握解答复杂要求题目的技巧

在考试时，可能会碰到某一题目的题干文字比较多、比较复杂的情况，这时可以不用一次性将题目要求读完再去考虑题目的解答方法，而是可以边读题目要求边按已想到的方法去解题。如果前面的操作能顺利执行下去，说明已经找到了正确的解题方法，可以继续读下面的题目要求并解答。如果操作不能执行，则可再多读一些题目要求。这样可以大大提高做题的速度。

0.4.3 操作注意事项

参加考试时，应注意一些操作效果和方法问题，以免出现误解或失误。

（1）在考试系统中操作的效果可能与在真实的软件环境中的有些小差别，比如：格式化磁盘时，进度条不能像真正的格式化那样逐渐进行到最后，但只要操作正确、操作完整，最后的界面类似于一张静止的图片，便能够得分了。

（2）记住软件的常用快捷键。有些题目限定考生只能使用快捷键的功能。比如，有一道题目为：当前光标插入点在一篇文章第2页的一行中，要求将光标快速拖动到文章行首。如果考生使用鼠标拖动，无法到达第一张页面，显然这是考查使用键盘上的【Ctrl+Home】组合键定位到文章首页首行的行首的功能。

（3）注意切换英文字母的大小写以及中文字符的半角、全角状态。在 Windows 操作系统中，有时需要区分字母的大小写。比如，一道题目为：将文档的打开密码设为 DDEE。解答这个题目时如果不注意将密码的几个字母大写，则无论怎么操作，题目都还处在编辑状态下而不能继续下去。如果在输入汉字时，发现输入的是大写英文字母，则是【Caps Lock】键处于启用状态所致，需要按一下该键取消其启用状态，才能正常使用输入法输入汉字。

另外，适时切换中文输入法状态下字符的半角、全角状态，可以解答不同的题目。

（4）在试题界面中，"复制"、"粘贴"的快捷键【Ctrl + C】和【Ctrl + V】一般是无效的。

当试题中要求输入文字时，需要用输入法手动输入。但考试中最好使用鼠标单击试题界面右下角的输入法图标切换输入法，而不要使用键盘切换，因为使用键盘可能会造成要求答下一题时题目面板丢失，在屏幕上找不到的情况。

一旦发生这种情况，可以要求监考老师对考试系统进行重置。重置后可以继续答题，不需要再重新解答前面的题目，但由于需要再重新输入座位号和身份证号，会浪费时间。

第1章 ▸Word 2003基础知识◂

Office 2003 是 Microsoft（微软）公司推出的一款办公软件，该软件包括几个不同功能的程序，其中用于编辑文档的软件称为 Word 2003。在最开始学习时需要先掌握 Word 的基础知识，因而本章从启动和退出 Word 2003 开始，详细讲解了 Word 2003 的工作界面，以及创建文档、保存文档和打开文档的操作，最后讲解如何获取 Word 的使用帮助。

1.1 启动和关闭Word 2003

考点分析：启动与关闭 Word 2003 是每套题中经常出现的考点。考题大部分会明确要求以哪种方式启动或关闭，若没有具体要求，则应先使用常用方式进行操作，如果常用方式不行，再一一试试其他方式。

学习建议：熟练掌握下面介绍的前 3 种启动方法以及各种关闭方法。

1.1.1 启动Word 2003

启动 Word 2003 的常用方法是通过桌面快捷方式和"开始"菜单启动，另外也可通过打开已有文档形式启动 Word 2003，或设为开机后自动启动，下面具体讲解。

方法 1：通过桌面快捷方式启动。

如果在桌面上创建了 Word 2003 的快捷方式图标，用鼠标直接双击该快捷方式图标，或在 Word 快捷方式图标上单击鼠标右键，在弹出的快捷菜单中选择"打开"菜单命令，便可启动 Word 2003，如图 1-1 所示。

如果桌面上没有创建 Word 2003 的快捷方式图标，则可以自行进行创建。

❶ 打开"我的电脑"窗口，再双击打开 Word 的安装位置，如"C:\Program Files\Microsoft Office \OFFICE11"。

❷ 找到"WINWORD.EXE"文件，在其图标上单击鼠标右键，在弹出的快捷菜单中选择【发送到】→【桌面快捷方式】菜单

命令，如图1-2所示。桌面上将出现"WINWORD.EXE"桌面快捷方式图标。

图1-1 双击桌面快捷方式图标启动Word

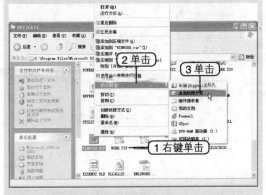

图1-2 创建Word桌面快捷方式图标

方法2：通过"开始"菜单启动。

通过"开始"菜单启动Word也是较为常用的方法。

❶ 单击桌面任务栏左端的 按钮，弹出"开始"菜单，在其中选择"所有程序"菜单命令。

❷ 在弹出的子菜单中选择"Microsoft Office"菜单命令。

❸ 在弹出的子菜单中选择"Microsoft Office Word 2003"菜单命令，即可启动Word 2003，如图1-3所示。

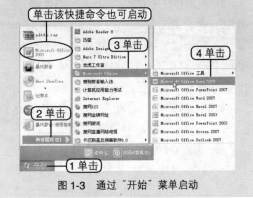

图1-3 通过"开始"菜单启动

操作小结：通过"开始"菜单命令的方式启动Word 2003的操作一般为：选择【开始】→【所有程序】→【Microsoft Office】→【Microsoft Office Word 2003】菜单命令。

方法3：通过新建Office文档启动。

在"开始"菜单中选择【所有程序】→【新建Office文档】菜单命令，在打开的"模板"对话框中双击"空白文档"图标或选择该图标后单击 确定 按钮，如图1-4所示。

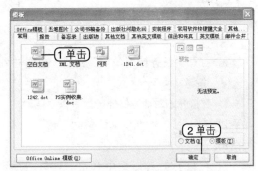

图1-4 通过新建文档方式启动

方法4：通过"运行"命令启动。

在"开始"菜单中选择"运行"命令，在

打开的对话框中输入"Winword",单击 确定 按钮或按【Enter】键将启动 Word 2003。

方法 5:通过打开已有文档的方式启动。

若要求打开指定路径下的文档并启动 Word 2003,则具体操作如下。

1 找到并打开指定的 Word 2003 文档(扩展名为 .doc)所在的路径。

2 双击该文档名称,系统自动开始启动 Word 2003 并打开该文档。

方法 6:开机后自动启动 Word。

设置电脑开机后自动启动 Word 的具体操作如下。

1 选择【开始】→【控制面板】菜单命令,在打开的"任务计划"对话框中双击"任务计划"图标。

2 双击"添加任务计划"图标,如图1-5 所示。

图 1-5 双击"添加任务计划"图标

3 打开"任务计划向导"对话框,单击 下一步(N) > 按钮。

4 在打开的对话框的任务列表框中拖动滚动条以选择"Microsoft Office Word"选项,然后单击 下一步(N) > 按钮,如图1-6 所示。

5 在打开的对话框中选中"计算机启动时"单选项,如图1-7 所示,然后单击 下一步(N) > 按钮。

6 在打开对话框中将提示添加成功(如果

设置了登录密码,还将提示输入密码,根据提示进行输入即可),单击 完成 按钮关闭对话框。

图 1-6 选择"Microsoft Office Word"

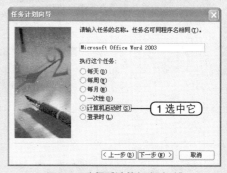

图 1-7 选择"计算机启动时"

考场点拨

上面介绍的前 3 种启动方法是较常用的启动方法,也是考试时最常用到的方式,应重点掌握,后面 3 种方法不是启动所有软件的通用方式,建议只作了解。

1.1.2 关闭Word 2003

关闭 Word 2003 可执行以下任意一种操作。

方法 1:在 Word 界面中选择【文件】→【退出】菜单命令。

方法 2:单击 Word 界面右上角的 按钮。

方法 3:双击窗口标题栏左侧的控制菜单图标。

方法 4:按【Alt+F4】键。

1.1.3 自测练习及解题思路

1．测试题目

第 1 题 建立 Word 2003 的桌面快捷方式。

第 2 题 启动 Word 2003。

第 3 题 利用"开始"菜单启动 Word 2003。

第 4 题 启动 Word 后再关闭 Word。

第 5 题 关闭并退出当前的 Word 2003 程序。

2．解题思路

第 1 题 双击【我的电脑】→【C 盘】→

【Program Files】→【Microsoft Office】→【OFFICE11】，右键单击"WINWORD.EX E"，选择【发送到】→【桌面快捷方式】菜单命令。

第 2 题 题目没有明确要求用何种方法，应从较常用的方法开始，逐一尝试。

第 3 题 选择【开始】→【所有程序】→【Microsoft Office】→【Microsoft OfficeWord 2003】菜单命令。采用其他方式将不能启动。

第 4 题 解题思路同第 2 题。

第 5 题 略。

1.2 Word 2003的工作界面

考点分析：Word 的工作界面只是操作 Word 软件的基础，在考试当中一般不会直接考查其组成部分，但需注意的是打开与关闭某个工具栏、创建工具栏和打开某个任务窗格是常考内容，应熟练掌握。

学习建议：熟悉工作界面中各组成部分的名称及其作用，这将有助于学习后面的内容。重点掌握工具栏的打开与创建，以及任务窗格的打开与关闭操作。

启动 Word 2003 后，打开的窗口即为 Word 2003 的工作界面，如图 1-8 所示。下面分别介绍各组成部分的作用及其基本操作（标题栏的使用将在第 2 章介绍）。

1.2.1 菜单栏

在 Word 2003 的工作界面中，菜单栏是执行命令时的主要操作工具，菜单栏有文件、编辑、视图、插入、格式、工具、表格、窗口、帮助 9 个菜单项，单击即可弹出其下拉菜单。

在 Word 2003 中刚弹出的菜单只显示了部分命令，稍等片刻或单击菜单底部的 ⌄ 按钮即可展开全部菜单命令，如图 1-9 所示。

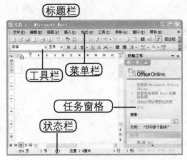

图 1-8 Word 2003 的工作界面

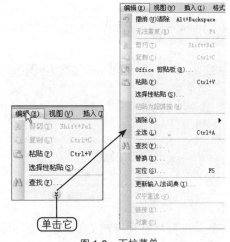

图 1-9 下拉菜单

在菜单中执行命令时有如下几种情况。

◆ 单击右侧带有快捷键提示的命令，将立即执行该命令。

◆ 单击右侧带有箭头的命令，将打开其子菜单，如图1-10所示。

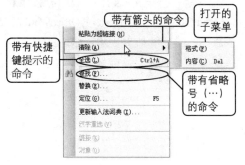

图1-10 打开子菜单

◆ 单击右侧带有省略号（…）的命令，将打开对话框或任务窗格。若打开的是对话框，需要对命令进行相关参数设置，如图1-11所示。在对话框中可以执行如下操作。

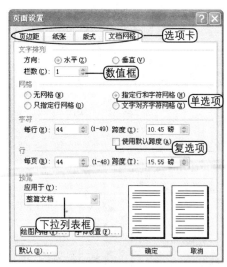

图1-11 打开的对话框

◆ 单击对话框顶部的标签可以切换到不同的选项卡。

◆ 在复选框的方框中单击可以选中（☑）或取消选中（□）复选框。

◆ 在单选项的圆圈中单击可以选中（◉）或取消选中（○）单选项。

◆ 在数值框中单击可以输入数值，或单击右侧的 ▲ 和 ▼ 按钮选择数值，若右侧没有 ⬍ 按钮的则叫文本框，可在其中输入文字。

◆ 单击对话框右上角的 按钮（某些对话框没有）或按【F1】键，可以获取当前对话框的帮助信息。

◆ 设置完成后单击 确定 按钮或按【Enter】键使设置生效，单击 取消 按钮或 按钮则设置无效，并关闭对话框并返回工作界面。

除了菜单栏中的菜单外，在Word 2003中还提供了快捷菜单，即用鼠标右键单击操作对象后的菜单，不同的对象的快捷菜单不相同，其命令的执行与上面介绍的菜单相同，灵活使用快捷菜单可以提高工作效率。

1.2.2 工具栏

工具栏提供了常用的命令按钮，利用它可以方便、快速地执行命令。工具栏将常用的命令以按钮或列表框的形式集合在一起，将鼠标指针移至工具栏中的按钮上并停留时，将显示对该按钮的提示文字。在工作界面中，Word只默认显示"常用"工具栏和"格式"工具栏，如图1-12所示，灰色的按钮表示当前该按钮不可用。

图1-12 "常用"和"格式"工具栏

此外，Word还提供其他多个工具栏，打开或关闭工具栏的操作方法如下。

◆ 选择【视图】→【工具栏】菜单命令，

在打开的子菜单中单击要显示或关闭的工具栏名称（其名称前带有勾则表示已显示）。如选择【视图】→【工具栏】→【绘图】菜单命令，可以打开或关闭"绘图"工具栏。

◈ 用鼠标右键单击工具栏区域的任意位置，在弹出的快捷菜单中选择要显示或关闭的工具栏名称。如在弹出的快捷菜单中选择"绘图"菜单命令，如图1-13所示，便可打开"绘图"工具栏。

操作提示

将鼠标指针移至工具栏左端的 处，按住鼠标不放可以将工具栏拖动至 Word 界面的其他位置。

图 1-13　打开和"绘图"工具栏

1.2.3　自定义工具栏

在默认状态下，工具栏中只列出了部分常用命令的按钮，下面介绍如何自定义工具栏。

1．自定义工具栏上的按钮

在工具栏中自定义添加或删除按钮的具体操作如下。

① 选择【工具】→【自定义】菜单命令，或在工具栏的空白区域中单击鼠标右键，在弹出的快捷菜单中选择"自定义"菜单命令，打开"自定义"对话框。

② 单击"命令"选项卡，如图1-14所示。

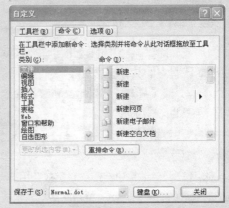

图 1-14　打开"命令"选项卡

③ 在"类别"列表框中选择命令的类别，在右侧的"命令"列表框中将显示该类型的所有操作命令。

④ 在"命令"列表框中找到并单击需要添加的命令选项，按住鼠标左键不放将该命令拖动至某个工具栏中，如图1-15所示，释放鼠标左键后即可添加该命令的工具按钮。

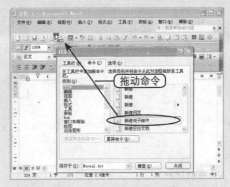

图 1-15　添加按钮到工具栏

⑤ 单击工具栏中的按钮，按住鼠标左键不放将其拖离工具栏，便可删除该按钮。

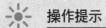

操作提示

单击某一工具栏最右端的 按钮，在弹出的菜单中选择"添加或删除按钮"命令，再选择当前工具栏名称命令，在子菜单中便可选中或取消选中要添加或删除的按钮。

2. 恢复默认工具栏状态

添加或删除工具栏中的按钮后，要恢复工具栏的默认状态的具体操作如下。

❶ 选择【工具】→【自定义】菜单命令，单击"工具栏"选项卡。

❷ 选中要恢复的工具栏，单击 重新设置(R) 按钮。

❸ 在打开对话框中选择重置有效范围，一般使用默认的 Normal.dot，单击 确定 按钮，再关闭"自定义"对话框。

3. 建立新工具栏

通过自定义工具栏对话框可以将常用的工具按钮集中到一个新工具栏上。建立新工具栏的具体操作如下。

❶ 选择【工具】→【自定义】菜单命令，打开"自定义"对话框，单击"工具栏"选项卡，单击 新建(N)... 按钮，如图1-16所示。

图1-16 打开"工具栏"选项卡

❷ 打开"新建工具栏"对话框，在"工具栏名称"文本框中输入新工具栏名称，在"工具栏可用于"下拉列表框中选择有效范围，单击 确定 按钮，如图1-17所示。

图1-17 "新建工具栏"对话框

❸ 返回"自定义"对话框，单击"命令"选项卡，在"命令"列表框中找到并单击需要添加的命令选项，按住鼠标左键不放将该命令拖动至新建的工具栏上即可，如图1-18所示。完成后关闭"自定义"对话框。

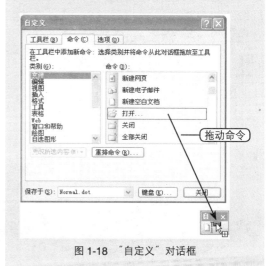

图1-18 "自定义"对话框

操作提示

创建工具栏后，在"自定义"对话框中单击"工具栏"选项卡，选中要删除的自定义工具栏，单击 删除(D) 按钮便可将其删除。

1.2.4 设置菜单与工具栏的选项

设置个性菜单与工具栏选项的具体操作

如下。

　　① 选择【工具】→【自定义】菜单命令，打开"自定义"对话框，单击"选项"选项卡，如图1-19所示。

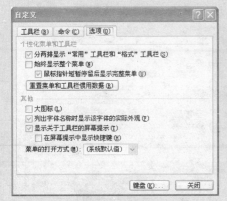

图1-19　打开"选项"选项卡

　　② 根据需要选中或取消选中相应的复选框，或选择所需选项，完成后单击 关闭 按钮。对话框中各选项的作用如下。

◈ 选中"分两排显示'常用'工具栏和'格式'工具栏"复选框，可以展开并分两排显示这两个工具栏，若取消选中则这两个工具栏呈一排显示。

◈ 选中"始终显示整个菜单"复选框，则每次单击菜单栏中的选项后将显示该菜单的所有命令，若取消选中则会隐藏部分命令。

◈ 选中"鼠标指针短暂停留后显示完整菜单"复选框，则弹出菜单后停留一段时间或将鼠标光标指向菜单底部的 ⌄ 按钮时将显示所有菜单命令。

◈ 单击 重置菜单和工具栏惯用数据(R) 按钮，将使Word菜单和工具栏恢复到默认状态。

◈ 选中"大图标"复选框，可以放大显示工具栏上的按钮，使其呈大图标显示。

◈ 选中"列出字体名称时显示该字体的实际外观"复选框，则"字体"下拉列表框中的字体名称与外观样式相一致。

◈ 选中"显示关于工具栏的屏幕提示"复选框，则当鼠标光标指向工具栏上的按钮时将显示提示文字，若取消选中则不显示。

◈ 选中"在屏幕提示中显示快捷键"复选框，则当鼠标光标指向工具栏上的按钮时，会在显示提示文字的同时显示该按钮的快捷键，取消选中则不显示。

◈ 在"菜单的打开方式"下拉列表框中可以选择菜单的打开方式，包括"任意"、"展开"、"滑动"和"淡出"。

考场点拨

该知识点在命题时可能会要求考生设置菜单的打开方式，考生应重点掌握，而对其他选项的作用只需了解即可。

1.2.5　使用快捷键与功能键

　　使用Word中的快捷键与功能键可以减少鼠标的操作次数，提高工作效率。下面介绍常用快捷键以及如何自定义快捷键。

1. Word的快捷键与功能键

　　Word中常用的快捷键与功能键比较多，如按【Ctrl+N】键可以新建空白文档，按【Ctrl+O】键可以打开文档，按【Delete】键可以删除对象，按【F7】键可以进行拼写与语法检查。本书在介绍相关操作时会列出其相应的快捷键。

　　在Word 2003中也可自行调出所有快捷键列表进行打印与查看，其具体操作如下。

　　① 选择【工具】→【宏】→【宏】菜单命令，在打开的"宏"对话框的"宏的位置"下拉列表框中选择"Word命令"。

② 在列表框中拖动滚动条找到并选择"ListCommands"选项，单击 运行(R) 按钮，如图1-20所示。

图1-20 选择"ListCommands"

③ 在打开的"命令列表"对话框中选中"所有Word命令"单选项，单击 确定 按钮，如图1-21所示。

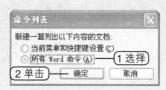

图1-21 "命令列表"对话框

④ 将生成一篇快捷键文档，保存或打印该文档即可。

2．指定快捷键

为某个命令自定义快捷键的具体操作如下。

① 选择【工具】→【自定义】菜单命令，打开"自定义"对话框，单击 键盘(K)... 按钮，打开"自定义键盘"对话框。

② 在"将更改保存在"下拉列表框中选择快捷键的有效范围，默认为"Normal.dot"，表示对所有基于"Normal"模板新建的文档有效，若选择当前文档名称只对当前文档有效。

③ 在"类别"列表框中选择所需命令的菜单类别，在"命令"列表框中选择所需命令，此

时"当前快捷键"列表框中显示为该命令默认的快捷键。

④ 在"请按新快捷键"文本框中单击并按下要指定的快捷键组合，如Alt+Ctrl+P，单击 指定(A) 按钮，如图1-22所示。

图1-22 指定快捷键

⑤ 此时自定义的快捷键将显示在"当前快捷键"列表框中，单击 关闭 按钮关闭对话框即可。

☀ 操作提示

在"自定义键盘"对话框中选择"当前快捷键"列表框中的快捷键后单击 删除(R) 按钮可以将其删除，若单击 全部重设(S)... 按钮可以恢复所有命令的默认快捷键。

📖 考场点拨

考生无需记住Word中的所有快捷键，在考试时命题一般不会要求通过快捷键方式操作，但对于一些常用操作在考试时也可通过快捷键来实现，这对于提高答题速度是有帮助的，当然若使用快捷键而考试系统无响应便应及时采用其他方法操作。

1.2.6 任务窗格

任务窗格是Word 2003中特有的、提高

工作效率的工具，任务窗格是将多种命令集合在一个统一的窗口中，使用户能方便地执行相关任务，它通常位于操作界面的右侧，其顶部的标题会随着任务类型的不同而发生变化。

当用户执行某些命令时将会自动打开相应的任务窗格，除此之外，打开任务窗格有以下几种方法。

◈ 选择【视图】→【任务窗格】菜单命令。
◈ 按【Ctrl+F1】键。
◈ 打开任务窗格后单击任务窗格右上角的 ▼ 按钮，在弹出的下拉列表框中可选择其他任务窗格并打开，如图 1-23 所示。

图 1-23　选择其他任务窗格

打开任务窗格后可以执行以下几种操作。

◈ 单击任务窗格左上角的 ⇦ 按钮和 ⇨ 按钮，可跳转到最近几次浏览过的任务窗口。
◈ 单击任务窗格中的一个超级链接或图标，可以执行相应的命令。
◈ 单击任务窗格右上角的 × 按钮，可以关闭任务窗格。

1.2.7　状态栏

状态栏位于工作界面的底端，若没有显示可选择【工具】→【选项】菜单命令，单击"视图"选项卡，选中"状态栏"复选框。

状态栏主要用于显示与当前工作有关的信息，这些信息会随着插入点位置的不同而发生变化，如图 1-24 所示。

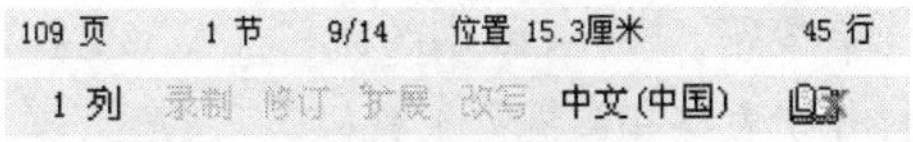

| 109 页 | 1 节 | 9/14 | 位置 15.3厘米 | 45 行 |
| 1 列 | 录制 修订 扩展 改写 | 中文(中国) | ▯3 |

图 1-24　状态栏

状态栏中各信息表示的含义如下。

◈ 页 109 页 ：表示插入点所在当前页的页码。
◈ 节 1 节 ：表示插入点所在的当前节的节号。
◈ 页码 / 页数 9/14 ：表示插入点在当前文档中的页数和文档总页数。
◈ 位置 位置 15.3厘米 ：指页面顶端与当前插入点之间的距离。
◈ 行 45 行 ：指插入点所在行数。
◈ 列 1 节 ：指插入点所在列数。
◈ 录制：双击可以打开或关闭宏录制器。
◈ 修订：双击可以打开或关闭修订功能。
◈ 扩展：双击可以打开或关闭扩展文本选择功能。
◈ 改写：双击可以在插入与改写状态间切换。
◈ 中文（中国）：用于显示插入点处所使用的语言，双击将打开"语言"对话框，可从中选择其他语言。

◈ 拼写和语法检查状态 ⓘ：用于显示当前的拼写和语法检查状态，若有错误可以进行修改。

📖 **考场点拨**

对于状态栏各信息的含义只需了解，需注意的是命题中可能会要求考生在插入与改写状态间切换，或与后面的输入操作相结合进行考核。

1.2.8 自测练习及解题思路

1．测试题目

第 1 题 在 Word 中关闭"格式"工具栏，再打开"表格和边框"工具栏。

第 2 题 恢复"常用"和"格式"工具栏为初始默认状态。

第 3 题 新建一个名为"文件管理"的新工具栏，在上面加入"保存"和"打开"两个按钮。

第 4 题 将"格式"工具栏上的"字符底纹"按钮去掉。

第 5 题 将"格式"工具栏中的"加粗"命令快捷键设置为"Ctrl+B"。

第 6 题 打开"Word 帮助"任务窗格。

第 7 题 切换到"改写"输入状态。

2．解题思路

第 1 题 无论是关闭还是打开工具栏，都只需选择【视图】→【工具栏】子菜单中相应的工具栏名称，也可通过在工具栏空白区域上单击鼠标右键，在弹出的快捷菜单中选择相应的命令。

第 2 题 选择【工具】→【自定义】菜单命令，单击"自定义"选项卡，分别选择"常用"和"格式"工具栏，再单击"重新设置"按钮。

第 3 题 参见 1.2.3 节。

第 4 题 选择【工具】→【自定义】菜单命令，将"格式"工具栏的"字符底纹"按钮拖至工具栏以外的任意位置释放鼠标左键即可。

第 5 题 选择【工具】→【自定义】菜单命令，单击 键盘(K)... 按钮，指定新快捷键。

第 6 题 单击 ▼ 按钮，选择"Word 帮助"命令。注意若没有显示任务窗格，则先将它打开，有时题目也会要求为"切换到 ××× 任务窗格"。

第 7 题 双击状态栏上的"改写"。

📖 **考场点拨**

在考试环境下输入文本时，是通过单击右下角出题框中的"CH"图标，在弹出的快捷菜单中选择要使用的输入法，包括拼音输入法和五笔输入法等，注意不能通过语言栏和快捷键等传统方式来切换输入法。

1.3 创建Word文档

考点分析：这是常考的考点。考题经常会结合保存、打开和关闭操作进行考核，如新建文档后再保存等。

学习建议：熟练掌握创建空白文档、根据现有模板创建文档、根据向导创建文档和将文档创建为模板等操作。

1.3.1 新建空白文档

启动 Word 2003 后会自动建立一个名为"文档1"的空白文档，在编辑过程中还可以创建其他多篇文档进行编辑。

要在 Word 中新建空白文档，可执行以下3 种方法中的任意一种。

方法1：单击"常用"工具栏中的"新建"按钮 。

方法2：按【Ctrl+N】键。

方法3：选择【文件】→【新建】菜单命令，在打开的"新建文档"任务窗格中单击"空白文档"超级链接。

另外，在 Word 中可以直接新建空白电子邮件文档，便于使用 Outlook 或 Outlook Express 进行发送。新建空白电子邮件文档的方法有以下两种。

方法1：单击"常用"工具栏中的"电子邮件"按钮 。

方法2：选择【文件】→【新建】菜单命令，在打开的"新建文档"任务窗格中单击"电子邮件"超级链接。

1.3.2 创建模板文档

模板实际上是一种特殊的 Word 文档，其后缀名为 .dot，图标为 。模板中包含了文档的基本结构和文档设置，包括字体、快捷键、宏、页面设置和样式等。当用户基于模板创建文档时，新建的文档就会自动带有该模板中所设置的内容，这样就能省去许多重复性的设置工作，为制作大量同类格式的文档带来很大的方便。

1．根据现有模板创建文档

Word 中自带许多模板，一般保存于安装目录中的 C:\Program Files\Microsoft Office\Templates。在 Word 中根据这些现有模板创建文档的具体操作如下。

■ 选择【文件】→【新建】菜单命令，在打开的"新建文档"任务窗格中单击"本机上的模板"超级链接，打开"模板"对话框。

② 单击某个模板类型的选项卡，如单击"报告"选项卡，再单击相应的模板图标，此时将在右侧预览框中显示该模板效果，单击 确定 按

钮，如图 1-25 所示。

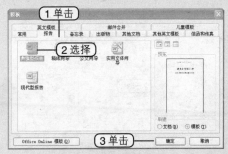

图 1-25 "模板"对话框

③ Word 即会根据该模板新建一个报告文档，如图 1-26 所示。

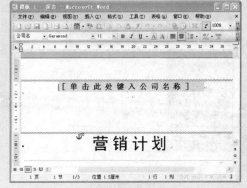

图 1-26 新建的报告文档

④ 用户可以根据自己的需要，对该文档中的内容和格式进行修改，完成后保存并命名文档即可。

2．根据"向导"创建文档

在 Word 中根据模板创建文档的另一种方式是利用"向导"进行创建。下面以制作日历文档为例进行介绍。

■ 选择【文件】→【新建】菜单命令，在打开的"新建文档"任务窗格中单击"本机上的模板"超级链接，打开"模板"对话框。

② 单击"其他文档"选项卡，选择"日历

向导"图标,单击 确定 按钮,如图 1-27 所示。

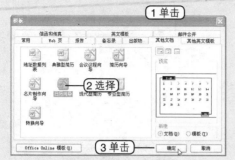

图 1-27 选择"日历向导"

③ 在打开的如图 1-28 所示的"日历向导"对话框中单击 下一步(N) > 按钮。

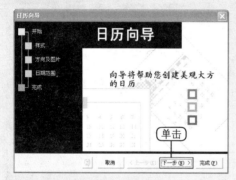

图 1-28 日历向导

④ 在打开的对话框中选择一种日历样式,如选中"横幅"单选项,单击 下一步(N) > 按钮,如图 1-29 所示。

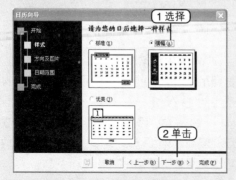

图 1-29 选择日历样式

⑤ 在打开的"请指定日历的打印方向"对话框中选择日历的方向并设置是否为图片预留空间,这里选中"横向"和"否"单选项,单击 下一步(N) > 按钮,如图 1-30 所示。

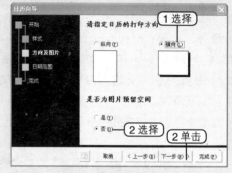

图 1-30 选择日历打印方向

⑥ 在打开的"设置起始和终止年月"对话框中确定日历开始月份和结束月份,此处选择从 2009 年 1 月到 2009 年 12 月,在"是否需要打印农历和节气"下选中"否"单选项,单击 下一步(N) > 按钮,如图 1-31 所示。

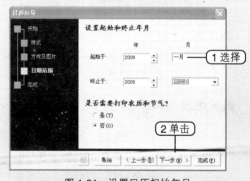

图 1-31 设置日历起始年月

⑦ 在打开的向导对话框中提示完成日历的创建工作,此时直接单击 完成 按钮即可,如图 1-32 所示。

⑧ 此时将自动生成按月排列的年历。它由 12 张月历组成,每张月历占一页,包含了日历的基本内容,效果如图 1-33 所示。

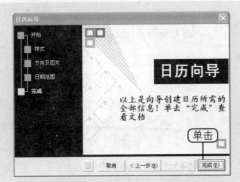

图 1-32 提示完成日历创建

图 1-33 制作好的日历

☀ **操作提示**

选择不同的模板向导，其向导内容也是不同的，只需根据向导提示进行操作即可。

3．将文档创建为模板

对于编辑好的报告、公文、请柬等具有专用格式的文档，可以将其创建为模板，以减少再次使用时的编辑工作。将文档创建为模板的具体操作如下。

❶ 将要创建为模板的文档保留标题及其样式，选择【文件】→【另存为】菜单命令，打开"另存为"对话框。

❷ 在"保存类型"下拉列表框选择"文档

模板"选项，保存位置为默认的 C:\Program Files\Microsoft Office\Templates，如图 1-34 所示。

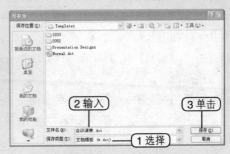

图 1-34 将文档创建为模板

❸ 输入模板名称后单击 保存(S) 按钮，保存的模板将出现在如图 1-25 所示的"模板"对话框的"常用"选项卡中。

4．根据模板创建模板

其具体操作如下。

❶ 选择【文件】→【新建】菜单命令，在打开的"新建文档"任务窗格中单击"本机上的模板"超级链接，打开"模板"对话框。

❷ 在预览框中选中"模板"单选项，如图 1-35 所示。

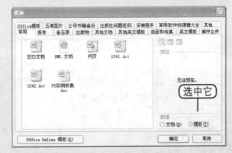

图 1-35 "模板"对话框

❸ 单击相应的选项卡，选择要用的模板或模板向导，单击 确定 按钮创建模板。

❹ 根据需要对模板进行修改，完成后保存并命名新模板即可。

5．通过 Internet 获取模板

若计算机已连入 Internet，则可以通过 Internet 获取更多的模板。进入 Internet 获取模板的方法有如下几种。

◆ 选择【帮助】→【Microsoft Office Online】菜单命令。

◆ 选择【文件】→【新建】菜单命令，在打开的"新建文档"任务窗格中单击"Office Online 模板"超级链接。

◆ 在"模板"对话框中单击 Office Online 模板(O) 按钮。

执行以上任一种操作后将打开 Microsoft Office Online 主页，如图 1-36 所示，在其中单击选择需要下载的模板类型，在打开的页面中再单击该类别下需要下载的某个模板，然后单击 下载 按钮便开始下载模板，完成后即可在 Word 中使用所下载的模板。

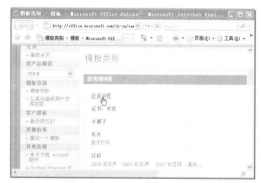

图 1-36　模板下载页面

考场点拨

对于新建文档操作,在考试时大部分是通过在"新建文档"任务窗格中单击超级链接进行的,而且在考试环境下可能已打开了"新建文档"任务窗格,若没有打开则先选择【文件】→【新建】菜单命令。

1.3.3　自测练习及解题思路

1．测试题目

第 1 题　创建一个空白文档。

第 2 题　根据模板建立一个现代型信函文档。

第 3 题　启动 Word 2003，然后新建一个空白文档。

第 4 题　启动 Word 后在 Microsoft Office Online 上下载一个 2009 年日历模板。

第 5 题　根据公文向导创建一篇公文，要求收文机关名称为"邮电社"，发文机关为"工业和信息化部"。

第 6 题　根据"典雅型报告"模板创建一个新模板。

2．解题思路

第 1 题　略。

第 2 题　单击"本机上的模板"超级链接，再单击"信函和传真"选项卡，选择"现代型信函"。

第 3 题　通过"开始"菜单启动 Word 2003，再通过工具按钮或菜单命令新建文档。

第 4 题　启动 Word →"新建文档"任务窗格→"Office Online 模板"链接→"日历"模板→"2009 年日历"超级链接→开始下载。

第 5 题　单击"本机上的模板"→单击"报告"选项卡→单击"公文向导"选项→单击"下一步"按钮，输入题目要求的信息直到完成。

第 6 题　略。

1.4 保存Word文档

考点分析：这是一重要考点，几乎在每套题中都会出现。建议考生要非常熟悉这一操作，尽量得到这类题目的分数。

学习建议：熟练掌握保存文档、另存文档类型、设置保存时压缩图片和设置保存选项等操作。

1.4.1 以Word默认格式保存文档

Word 的默认保存格式为 .doc，将新建的文档保存为 .doc 默认格式文档的具体操作如下。

1 执行下面的任意一种操作，打开"另存为"对话框。

◈ 选择【文件】→【保存】菜单命令。

◈ 单击"常用"工具栏中的"保存"按钮■。

◈ 按【Ctrl+S】键。

2 单击"保存位置"下拉列表框右边的 ▼ 按钮，在弹出的下拉列表框中选择文档的保存位置。

3 在"文件名"文本框中输入要保存的文档名称。

4 在"保存类型"下拉列表框中使用默认的保存类型"Word文档(*.doc)"，如图 1-37 所示。

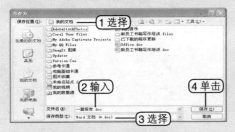

图 1-37 "另存为"对话框

5 单击 保存(S) 按钮即可将新建的文档以指定的名称保存在指定的位置，同时 Word 窗口的标题栏中会显示保存后的文件名。

对于保存过的文档，在编辑过程中为避

免意外断电等造成数据丢失，可以经常进行保存。保存已有的文档时不会再出现"另存为"对话框，也无需再输入文档名和选择保存的文件夹，只需直接单击"常用"工具栏中的"保存"按钮■或按快捷键【Ctrl+S】，该文档便以原名称保存在原位置，并覆盖原来的文件。

如在某个文档修改之后，既要保留修改前的文档，又要保存一份修改后的文档时，就可以选择【文件】→【另存为】菜单命令，在打开的"另存为"对话框中选择其他保存位置或重命名文件再保存即可。

> **📖 考场点拨**
>
> 对于保存文档操作，在考试时大部分会指定文件名和保存位置。若要求保存到桌面或"我的文档"，则在"另存为"对话框左侧的快捷栏中单击相应按钮即可快速打开保存位置，若没有指令保存位置，则使用默认的保存位置即可。

1.4.2 设置保存文档的版本

设置保存文档的版本可以记录一篇文档的修改过程。其具体操作如下。

1 选择【文件】→【版本】菜单命令，或在"另存为"对话框中的"工具"菜单中选择"保存版本"命令，将打开如图 1-38 所示的版本对话框，单击 现在保存(S)... 按钮。

2 在打开的"保存版本"对话框中输入版本备注，完成后单击 确定 按钮即可保存文档的版本信息，如图 1-39 所示。

在图 1-38 所示的对话框中还可以对文档版本进行如下一些操作。

◈ 选中"关闭时自动保存版本"复选框可以在每次关闭文档时自动保存版本。

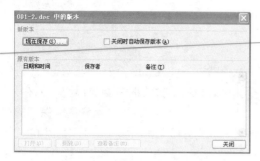

图 1-38　保存版本的对话框

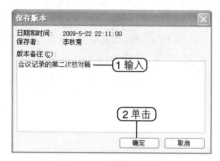

图 1-39　设置版本备注

◈ 打开带有版本的文档后，在该对话框的列表框中将显示相应的版本，选择某个文档版本，单击 删除(D) 按钮可以删除版本。

◈ 在该对话框的列表框中选择该版本后，单击 打开(O) 按钮将打开该版本，再将其另存为独立的 Word 文档即可。

1.4.3　转换文档的保存类型

除了默认的 .doc 格式外，还可以将 Word 文档保存为以下格式。

◈ XML 文档：XML 是一种可扩展标记语言，在某些方面，XML 文档也类似于数据库，提供数据的结构化视图。

◈ 单个文件网页：将文档中的文字和图形对象保存为单个的 .mht 网页文件，可以用 IE 浏览器打开查看。

◈ 网页：将文档转换为 .html 网页文件格式，转换后将生成相应的网页文件和

一个存放图片的文件夹。

◈ 筛选过的网页：可以去掉 Microsoft Office 标记，减小文件大小，便于传送和在 IE 浏览器中浏览。

◈ RTF 格式：保存为该格式可在写字板等程序中使用，但会丢失某些数据和格式。

◈ 纯文本：清除文档中的格式、图形对象等元素，保存为无格式的只有文本的文档。

◈ Word 97-2003 文档：保存后能够在 Word 的早期版本中使用。

例如，要将一篇文档保存为网页格式的具体操作如下。

1 选择【文件】→【另存为】菜单命令，打开"另存为"对话框。

2 单击"保存位置"下拉列表框右边的 ∨ 按钮，在弹出的下拉列表中选择文档的保存位置。

3 在"文件名"文本框中输入转换后文档的名称。

4 单击"保存类型"右侧的 ∨ 按钮，在弹出的下拉列表框中选择"网页"选项，单击 保存(S) 按钮，如图 1-40 所示。

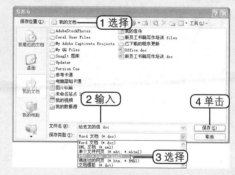

图 1-40　选择保存类型

5 将在指定保存位置生成网页文件及其文件夹，如图 1-41 所示，双击网页文件便可在 IE 浏览器中打开并查看。

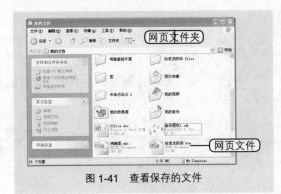

图1-41　查看保存的文件

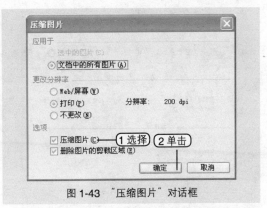

图1-43　"压缩图片"对话框

操作小结：要将文档保存为其他类型，只需选择【文件】→【另存为】菜单命令，在打开的"另存为"对话框的"保存类型"下拉列表框中选择要保存的类型，输入文件名和选择保存位置后进行保存即可。

1.4.4　保存时压缩图片

对于带有很多图片的文档，在保存时可以压缩图片，以减小占用的存储空间，其具体操作如下。

① 选择【文件】→【另存为】菜单命令，打开"另存为"对话框。

② 选择保存位置和输入名称后单击右上角的 工具(L)· 按钮，在弹出的"工具"菜单中选择"压缩图片"命令，如图1-42所示。

图1-42　选择"压缩图片"命令

③ 打开"压缩图片"对话框，选中"压缩图片"复选框，其他参数一般使用默认设置，单击 确定 按钮，如图1-43所示。

④ 返回"另存为"对话框，再单击 保存(S) 按钮保存文档。

在"压缩图片"对话框中可以设置压缩图片的方式，其各选项的作用如下。

◆ 选中的图片：只压缩文档中选中的图片。

◆ 文档中的所有图片：对文档中所有图片进行压缩后保存。

◆ Web/屏幕：按网页上要求的格式进行压缩。

◆ 打印：若图片的分辨率高于200dpi，则以该分辨率进行压缩，便于打印输出。

◆ 不更改：保持图片的原始状态进行压缩。

◆ 删除图片的剪裁区域：如对图片进行了剪裁操作，则删除剪裁区域，再按设置压缩图片。

1.4.5　设置保存选项

Word还提供了许多保存功能，如自动保存、保存备份等，设置的方法是选择【工具】→【选项】菜单命令，在打开的"选项"对话框中单击"保存"选项卡，根据需要设置各保存选项，如图1-44所示。完成后单击 确定 按钮应用设置。

"保存"选项卡中各主要选项的作用如下。

◆ 保留备份：在每次保存文档时自动创建一个备份文档，扩展名为.wbk。

◆ 提示保存文档属性：在第一次保存新建文档时将打开"属性"对话框，提示输入标题属性，关于文件的属性将在第2章中讲解。

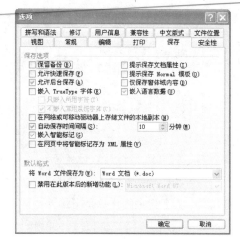

图 1-44　设置保存选项

◈ 允许快速保存：可以加快保存速度，只保存更改部分，但启用该选项将增加文件的大小。

◈ 提示保存 Normal 模板：在退出 Word 程序时将提示是否保存对 Normal 模板的修改。

◈ 允许后台保存：在编辑文档时自动在后台保存文档，此时将在状态中显示保存磁盘图标，提示正在后台保存。

◈ 仅保存窗体域内容：将以纯文本格式保存输入到窗体中的数据。

◈ 嵌入 TrueType 字体：将 TrueType 字体与文本同时保存，便于在没有安装 TrueType 字体的电脑中正常显示。此时还将激活它下面的两个选项，用于设置是否嵌入所有 TrueType 字体。

◈ 在网络或可移动驱动器上存储文件的本地副本：若计算机连接了 U 盘或使用局域网中的文档，将存储文档的副本文件。

◈ 自动保存时间间隔：选中该复选框后在右侧的数值框中输入分钟数，Word 将在指定的时间间隔自动保存文档，并创建自动恢复文件，当电脑死机或断电重启 Word 后，将打开或提示含有未被保存的恢复文件，以减少用户的损失。

◈ 嵌入智能标记：保存时将保存智能标记，但会增大文档。

◈ 将 Word 文档保存为：在该下拉列表框中选择需要的格式选项，可以设置 Word 的默认保存格式。

考场点拨

在考试时只需选中或取消选中相应的复选框即可进行设置，因此关于各保存选项的作用考生只需了解，关键是要记住在哪儿设置，有哪些主要选项。

1.4.6　自测练习及解题思路

1．测试题目

第 1 题　新建一个空白文档，保存到桌面上，文件名为"简历 .doc"。

第 2 题　将当前文档另存为"简历 2.doc"。

第 3 题　将当前文档另存为网页文档形式，并打开查看。

第 4 题　将当前文档另存为"产品 .doc"，并压缩图片。

第 5 题　将 Word 设置为具有保留备份文档的功能。

2．解题思路

第 1 题　略。

第 2 题　略。

第 3 题　略。

第 4 题　保存时单击"工具"菜单下的"压缩图片"命令，选中"压缩图片"复选框。

第 5 题　打开"选项"对话框，单击"保存"选项卡，选中"保留备份"复选框。

1.5 打开和关闭Word文档

考点分析：这一考点也是常考的，命题也很简单，一般是要求打开指定位置的文档，或关闭当前文档，或打开后再关闭文档。

学习建议：熟练掌握打开指定位置文档、以只读等方式打开文档、打开最近打开过的文档和关闭文档的操作。

1.5.1 打开选择的文档

要对文档进行修改或浏览，必须将其打开。打开文档可以打开"我的电脑"窗口，找到并双击要打开的文档（前面启动时已有介绍）。在Word窗口中打开文档的具体操作如下。

1️⃣ 在Word窗口中执行下面的任一种操作，弹出"打开"对话框，如图1-45所示。

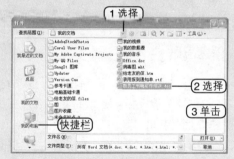

图1-45 "打开"对话框

◈ 选择【文件】→【打开】菜单命令。
◈ 单击"常用"工具栏中的"打开"按钮。
◈ 按【Ctrl+O】键。

2️⃣ 单击"查找范围"右边的按钮，在弹出的下拉列表框中选择要打开文档的保存磁盘，再双击打开所在文件夹，或单击左侧快捷栏中的图标快速切换到相应位置。

3️⃣ 此时在文件列表框中双击文档图标便可打开该篇文档，也可以单击选择要打开的文档，

或按住【Ctrl】键不放单击选择要同时打开的多个文档，然后单击 打开(O) 按钮打开文档。

在"打开"对话框中单击 打开(O) 中的 按钮，在弹出的如图1-46所示的下拉菜单中可以选择以何种方式打开所选择的文档。下面介绍常用的3种打开方式。

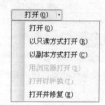

图1-46 "打开"下拉菜单

◈ 打开：默认的打开方式，表示直接打开文档，可以对其进行修改并保存（文档属性设为只读属性时除外）。
◈ 以只读方式打开：选择该方式时，对文档进行的修改不能够保存到原文档中，如果要保存，必须使用另存为的方法另存一个文档。
◈ 以副本方式打开：选择该方式时，系统自动为原文档创建一个副本文档，并打开副本文档，所做的修改将保存到副本文档中，而不影响原文档。

1.5.2 打开最近打开过的文档

在Word窗口中打开最近打开过的文档有如下两种方法。

方法1：在Word 2003"文件"菜单的下端列出了最近打开过的文件名列表，直接单击某个文件名即可打开该文件，如图1-47所示。

方法2：在Word 2003的"开始工作"任务窗格的底部也显示了最近打开过的文档，单击相应的文件名链接也可打开该文档。

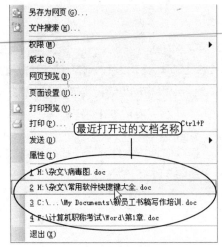

图 1-47　打开最近打开过的文档

操作提示

选择【工具】→【选项】菜单命令，在打开的对话框中单击"常规"选项卡，选中"列出最近所用文件"复选框，在其右侧数值框中可设置 0 ～ 9 个文件，若取消选中该复选框，可以关闭该功能。

方法 3：在 Windows XP 中单击 **开始** 按钮，在弹出的快捷菜单中选择"我最近的文档"菜单命令，然后在弹出的子菜单中选择最近打开的 Word 文档。

1.5.3　关闭Word文档

打开多个文档后可以关闭不需要使用的文档。关闭当前文档后并不会退出 Word 2003，

用户还可继续编辑其他 Word 文档。关闭 Word 文档可执行以下任一种操作。

方法 1：选择【文件】→【关闭】菜单命令。

方法 2：单击文档窗口菜单栏右侧的 × 按钮。

方法 3：单击该文档窗口左上角的 控制按钮，在弹出的下拉菜单中选择"关闭"命令。

方法 4：在 Windows 任务栏中的该文档的窗口按钮上单击鼠标右键，在弹出的快捷菜单中选择"关闭"菜单命令。

1.5.4　自测练习及解题思路

1．测试题目

第 1 题　将"我的文档"中的"简历 1.doc"和"简历 2..doc"两个文件同时打开。

第 2 题　以只读方式打开"我的文档"中的文件"通讯录 .doc"。

第 3 题　打开最近打开过的"故事"文档。

2．解题思路

第 1 题　打开"打开"对话框，框选或按住【Ctrl】键不放选择所要求的文件后打开。

第 2 题　打开"打开"对话框，选择"打开"下拉菜单中的"只读"命令后单击"打开"按钮。

第 3 题　略。

1.6　使用Word帮助

考点分析：这是一个基础知识点，一般会有 1 ～ 2 道考题涉及，重点是考查获取帮助的方法。

学习建议：掌握通过任务窗格获取帮助的方法，以及 Office 助手的隐藏、显示和切换操作。

1.6.1　如何获取帮助

在 Word 中获取帮助信息主要有如下几种方法。

方法 1：在 Word 菜单栏右侧的 键入需要帮助的问题 ▾ × 文本框中单击并输入帮助主题，如"打印文

档"，然后按【Enter】键，将在"搜索结果"任务窗格中显示搜索到的帮助主题，如图1-48所示。单击其中的主题便可查看其详细内容。

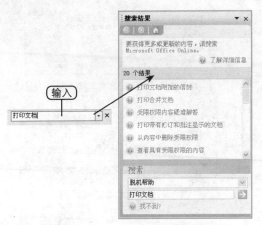

图 1-48　通过搜索框获取帮助信息

方法2：在 Word 界面中选择【帮助】→【Microsoft Office Word 帮助】菜单命令或按【F1】键，打开"Word 帮助"任务窗格，在"搜索"文本框中输入帮助主题，再单击➡按钮或按【Enter】键，便可得到帮助信息，如图1-49所示。

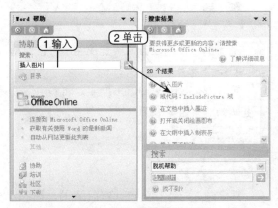

图 1-49　通过任务窗格获取帮助

方法3：在"Word 帮助"任务窗格中单击"目录"超级链接，将打开帮助目录，依次单击展开其中的主题便可获得帮助，如图1-50所示。

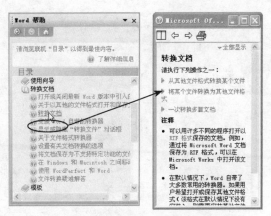

图 1-50　通过目录获取帮助

方法4：在 Word 界面中选择【帮助】→【Microsoft Office Online】菜单命令，将打开 Microsoft Office Online 官方网站，可以获取更多的使用帮助。

📖 **考场点拨**

重点掌握前两种获取帮助的方法，若没有指定便用哪种方式获取帮助，则一般是选择【帮助】→【Microsoft Office Word 帮助】菜单命令再进行操作。

1.6.2　使用Office助手

选择【帮助】→【显示 Office 助手】菜单命令，可以显示 Office 助手，显示后选择【帮助】→【隐藏 Office 助手】菜单命令便可将其隐藏。

1. 通过 Office 助手获取帮助

当遇到不明白的问题时，也可以通过 Office 助手得到帮助，其具体操作如下。

1️⃣ 选择【帮助】→【显示 Office 助手】菜单命令，显示出 Office 助手。

2️⃣ 单击 Office 助手，在打开的对话框中输入要查找信息的关键字。

③ 单击 搜索(S) 按钮，将会列出相关的帮助信息，如图 1-51 所示。

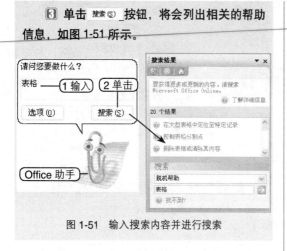

图 1-51　输入搜索内容并进行搜索

2．设置 Office 助手选项

在 Office 助手上单击鼠标右键，将弹出如图 1-52 所示的快捷菜单，该菜单中各命令的作用如下。

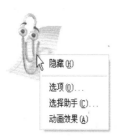

图 1-52　Office 助手的右键菜单

◆ 隐藏：可以隐藏 Office 助手。

◆ 选项：将打开如图 1-53 所示的"Office助手"对话框的"选项"选项卡，用于设置 Office 助手的选项，如是否显示警告信息等。

◆ 选择助手：将打开"Office 助手"的"助手之家"选项卡，单击其中的 下一步(N) 按钮便可切换到下一位助手，如图 1-54 所示，单击 确定 按钮，便可更换助手。

◆ 动画效果：选择该命令可以欣赏当前 Office 助手的动态表情及动画效果。

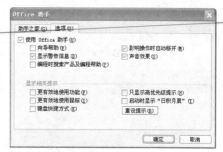

图 1-53　"Office 助手"对话框

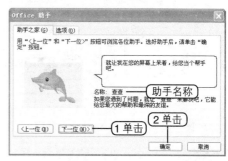

图 1-54　更换 Office 助手的对话框

1.6.3　自测练习及解题思路

1．测试题目

第 1 题　通过菜单栏右侧的输入框查找"输入文本"的帮助信息。

第 2 题　使用任务窗格查找关于"拼写检查"的使用方法。

第 3 题　显示出 Office 助手，将 Office 助手更换为"苗苗"老师。

2．解题思路

第 1 题　略。

第 2 题　先单击任务窗格右上角的 ▼ 按钮切换至帮助任务窗格，再输入关键字"拼写检查"。

第 3 题　选择【帮助】→【显示 Office 助手】菜单命令，单击鼠标右键，选择"选择助手"菜单命令，单击 下一位(N) 按钮直到"苗苗"老师。

第2章 ▸查看、管理和打印文档◂

在 Word 中新建或打开多篇文档后，每个文档将拥有一个独立的窗口，操作时需要对这些窗口进行查看和管理。本章从如何查看文档开始，详细讲解了使用文档窗口查看文档、并排比较文档、切换文档显示视图、使用智能标记、选择浏览对象、搜索文档、设置文档属性、加密文档、保护文档以及打印文档等操作。学完本章后，考生就可以随意查看文档内容，并管理好各种文档了。

2.1 查看文档

考点分析：查看文档的内容较多，但涉及的考题比较少，考点主要集中在文档视图切换和新建文档窗口这两个方面。

学习建议：熟练掌握设置显示比例、新建文档窗口、切换文档显示视图和设置蓝底白字显示几个知识点，熟悉并排和拆分文档窗口的操作，至于其他知识点可以只做了解。

打开多篇文档后在查看文档时需要掌握以下几点基本的窗口管理操作。

- ◉ 单击 Word 窗口标题栏右侧的"最小化"按钮■，可以将该文档窗口缩小到 Windows 的任务栏上。

- ◈ 单击 Word 窗口标题栏右侧的"向下还原"按钮■，可以将文档窗口缩小还原到占据屏幕 50% 的大小，此时拖动窗口边框可以进一步调整大小，同时■按钮将变为"最大化"按钮■，单击可以全屏显示。

- ◈ 单击 Word 窗口标题栏右侧的"关闭"按钮✕，可以关闭文档窗口，若只有一个文档窗口则会退出 Word。

- ◈ 用鼠标右键单击标题栏左侧的控制图标，在弹出的快捷菜单中选择相应命令可以控制窗口，如图 2-1 所示。

- ◈ 用鼠标右键单击 Windows 任务栏上的文档窗口图标，在弹出的快捷菜单中选择相应命令也可以控制窗口。

- ◈ 打开多个文档窗口后，当前窗口只有一个，当需要切换到其他文档窗口中编辑时可以在菜单栏中的"窗口"菜单命令，在弹出的快捷菜单中选择相应的文件名，或通过单击 Windows 任务栏中的文档窗口图标进行切换。

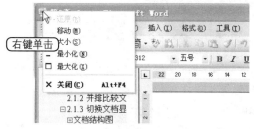

图 2-1　窗口控制菜单

除了上述窗口的基本操作外，在查看窗口时还需要掌握新建文档窗口、并排比较窗口、切换视图、使用智能标记和选择浏览对象的操作，下面分别进行介绍。

2.1.1　设置文档显示比例

在 Word 文档窗口中可以将文档内容按照不同的大小比例查看。调整文档显示比例的方法有如下两种。

方法 1：在"常用"工具栏中单击"调整显示比例"下拉列表框 100% 右侧的 按钮，在弹出的下拉列表中选择显示比例，也可直接在下拉列表框中输入显示比例，如图 2-2 所示。

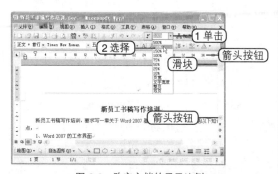

图 2-2　改变文档的显示比例

方法 2：选择【视图】→【显示比例】菜单命令，打开如图 2-3 所示的"显示比例"对话框，选中相应的比例单选项，如整页、多页等，再单击 确定 按钮应用设置。

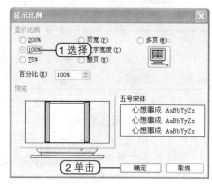

图 2-3　"显示比例"对话框

调整显示比例后，在 word 文档窗口中拖动右侧滚动条上的滑块或两端的箭头按钮（参看图 2-2），便可浏览文档内容。

2.1.2　使用文档窗口

如果需要查看同一篇文档的不同部分，以便对照前后文进行编辑，可以新建文档窗口，将同一篇文档放在两个独立的窗口中进行比较，其具体操作如下。

1 在文档窗口中选择【窗口】→【新建窗口】菜单命令，此时将新建一个相同的窗口，窗口的名称将加上序号，以示区别，如图 2-4 所示。

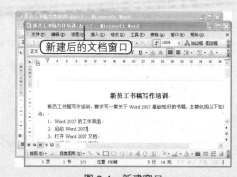

图 2-4　新建窗口

② 选择【窗口】→【全部重排】菜单命令，将窗口并排，此时可以在原窗口中定位到要参照的部分，而在新建的窗口中参照前面的内容进行编辑，就不需要来回地拖动滚动条到前面部分查看后再拖动到后面部分进行编辑，如图2-5所示。完成后还可将新建的窗口保存为文档。

图 2-5　重排窗口

2.1.3　并排比较文档

将屏幕上打开的两个文档进行并排比较的具体操作如下。

① 打开要并排的两个文档后，在任一窗口中选择【窗口】→【与＊并排比较】菜单命令（＊表示另一文档的名称）。

② 此时将出现"并排比较"工具栏，默认选中"同步滚动"按钮，表示可以同时滚动两个文档中的内容，如图2-6所示。

③ 单击"并排比较"工具栏中的"重置窗口位置"按钮，可以重新放置两个比较窗口的位置。

④ 比较结束后单击"并排比较"工具栏中的关闭并排比较® 按钮退出并排比较。

图 2-6　同步滚动并排的窗口

2.1.4　拆分文档窗口

拆分窗口可以将一个文档拆分为两个编辑区，有如下几种方法。

方法1：选择【窗口】→【拆分】菜单命令，此时编辑区中将出现一条拆分线，在需要拆分的位置单击鼠标，便可将原窗口拆分为两个窗口，如图2-7所示。

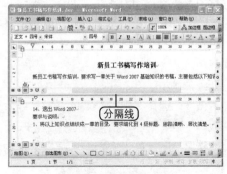

图 2-7　拆分为两个窗口

方法2：将鼠标光标移至滚动条最顶端的灰色分隔框▭▭上，当光标变成时═形状时拖动至所需位置便可拆分窗口，如图2-8所示。

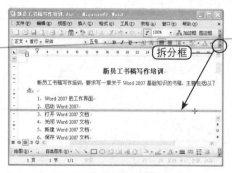

图 2-8 拖动拆分框进行拆分

方法 3：用鼠标双击滚动条最顶端的分隔框，将在默认位置进行拆分。

拆分窗口后用户可以在任一窗口中编辑文档，在另一个拆分区域中滚动浏览文档的其他部分。取消窗口的拆分有如下 3 种方法。

方法 1：选择【窗口】→【取消拆分】菜单命令。

方法 2：双击分隔线。

方法 3：将分隔线拖至窗口外面。

2.1.5 切换文档显示视图

Word 2003 提供了普通视图、Web 版式视图、页面视图、大纲视图、文档结构图和阅读版式视图等多种视图方式。另外，在编辑长篇文档时，大纲和文档结构图也非常有用。各种显示方式可应用于不同的场合，系统默认使用页面视图。

在各个显示视图之间切换有如下两种方法。

方法 1：选择"视图"菜单下的相应命令来切换。

方法 2：通过单击文档编辑区水平滚动条左侧 相应按钮进行切换。

下面具体介绍各视图的作用。

1．普通视图

普通视图是 Word 中较为常用的显示方式之一。它为了能够尽可能多地显示文档的内容，简化了部分内容，即不显示注释、分栏等元素。在该视图模式下可以快速地输入和编辑文字，也可对图形进行插入和编辑，当要显示的文档不只一页时，分页符将显示为一条虚线，如图 2-9 所示。

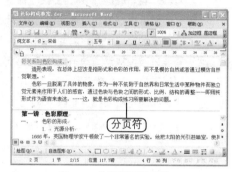

图 2-9 普通视图显示效果

2．Web 版式视图

Web 版式视图是指以网页的格式显示文档。用 Web 版式显示文档时，正文显示得更大，并且无论文字显示比例为多少，系统会自动换行以适应窗口。Web 版式是最佳的联机阅读模式，适用于预览将要转换成为网页格式的文档。

3．页面视图

页面视图将显示文本、图片、页眉／页脚等文档中的所有元素，显示每一页的布局效果，而每一页上显示的文档效果与打印输出后的文档基本一致，因此适用于排版。在页面视图下可以进行 Word 的所有操作。

4．大纲视图

大纲视图将分级显示文档中的标题和文字。在该视图模式下，可检查文档的结构，并可以隐藏正文、页边距、页眉和背景，只显示文档的各个标题，因此大纲视图适用于处理长文档和创建子文档，如图 2-10 所示。

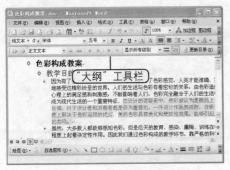

图 2-10　大纲视图显示效果

5．文档结构图

文档结构图将在文档窗口的左侧显示一个纵向窗格，以导航栏的方式显示文档标题的大纲，即标题列表，当用户单击左侧的标题时，将在右侧显示相应内容，便于快速定位和编辑文字，如图 2-11 所示。

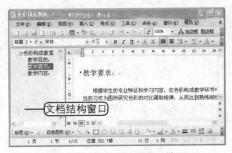

图 2-11　文档结构图显示效果

利用文档结构图进行定位主要是通过拖动滚动条在文档结构窗口中选择要显示的标题级别，其操作方法有。

◇ 要显示某个标题的次级标题，单击该标题旁的加号田。

◇ 要折叠某个标题的次级标题，单击该标题旁的减号曰。

◇ 要显示指定级别，可在文档结构图中用鼠标右键单击该标题，然后在弹出的快捷菜单中选择相应数字的标题，

如选择"显示至标题 3"命令将显示级别 1 到 3 的标题，如图 2-12 所示。

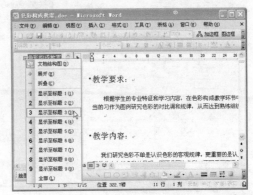

图 2-12　显示标题级别

6．阅读版式视图

阅读版式视图将以最佳屏幕阅读的方式显示文档，它将显示"审阅"和"阅读版式"工具栏，而隐藏其他工具栏，以便用户阅读，如图 2-13 所示。阅读结束后单击"阅读版式"工具栏上的 关闭(C) 按钮便可退出阅读版式视图。

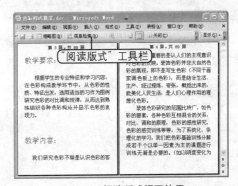

图 2-13　阅读版式视图效果

7．缩略图视图

缩略图视图将显示文档的所有元素，并在左侧窗格中显示每一页的缩略图，单击左侧的缩略图便可浏览该页面布局，如图 2-14 所示。

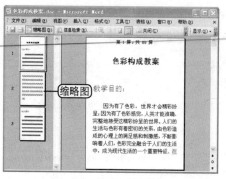

图 2-14　缩略图视图效果

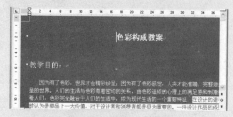

图 2-16　蓝底白字效果

📖 **考场点拨**

对该知识点命题时不一定都是采用"切换至 *** 视图"这种方式，可能会是"打开 *** 视图"，或者是"查看文档的 *** 视图"，考生要注意这是同一个意思。

☀ **操作提示**

选择【工具】→【选项】菜单命令，在打开的对话框中单击"视图"选项卡，选中"窗口内自动换行"复选框，可以在大纲和普通视图下使超出窗口宽度的文字自动换行。

2.1.6　设置蓝底白字显示文档

　　Word 默认显示的是白底黑字，长时间浏览易造成眼睛疲劳，根据需要可以将其设置为蓝底白字显示，具体操作如下。

　　1️⃣ 选择【工具】→【选项】菜单命令，打开"选项"对话框。

　　2️⃣ 单击"常规"选项卡，选中"蓝底白字"复选框，如图 2-15 所示。

2.1.7　使用智能标记

　　当文档中含有或被输入日期、时间、人名、长度单位等特殊文本时，将在文本的下方出现紫色虚线，这就是智能标记，如图 2-17 所示。

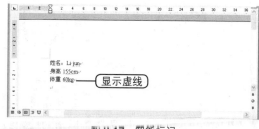

图 2-17　智能标记

通过智能标记可以进行以下操作。

◈ 在以紫色下划线为智能标记的文本上移动并插入光标，可出现"智能标记操作"按钮。

◈ 单击"智能标记操作"按钮，将弹出一个下拉菜单，从中可以选择相关的某种智能操作，如图 2-18 所示。

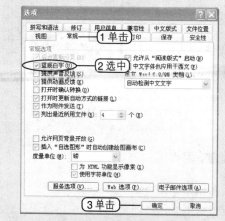

图 2-15　选中"蓝底白字"复选框

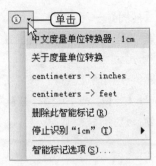

图 2-18　智能标记下拉菜单

◈ 单击⑤按钮，在弹出的下拉菜单中选择"删除此智能标记"命令，删除后将不再显示智能标记。

选择【工具】→【选项】菜单命令，打开"选项"对话框，单击"视图"选项卡，在"显示"栏中选中或取消选中"智能标记"复选框，可以显示或隐藏智能标记。

另外，Word 中有多种智能标记，根据需要可以打开或关闭某些智能标记，方法是选择【工具】→【自动更正选项】菜单命令，在打开的"自动更正"对话框中单击"智能标记"选项卡，如图 2-19 所示。在"识别器"列表框中选中或取消选中智能标记前的复选框即可。

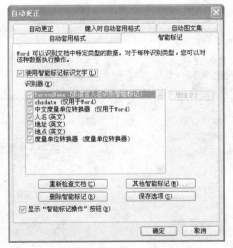

图 2-19　"智能标记"选项卡

2.1.8　选择浏览对象

在浏览文档内容时可以选择按页、节、表格、图形、标题、查找、定位、批注和脚注等元素进行浏览。选择的方法是单击文档垂直滚动条底部的"选择浏览对象"按钮，或按【Ctrl+Alt+Home】键，将弹出如图 2-20 所示的工具栏，单击其中的图标便可选择相应的浏览对象。

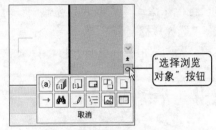

图 2-20　选择浏览对象

在图 2-20 所示工具栏中各浏览对象的按钮作用分别是按域浏览⒜、按尾注浏览、按脚注浏览、按批注浏览、按节浏览、按页浏览、定位→、查找、按编辑位置浏览、按标题浏览、按图形浏览和按表格浏览。

选择相应的浏览对象后单击滚动条两端的 ↑ 或 ↓ 按钮会跳转到上一个或下一个浏览对象。例如，选择按图形浏览按钮后单击↑按钮可以跳转至当前插入点的上一张图片位置，单击↓按钮则跳转至当前插入点的下一张图片位置。

2.1.9　自测练习及解题思路

1．测试题目

第 1 题　将当前文档的显示比例设置为 150%，再按标题进行浏览。

第 2 题　打开桌面上的 test.cloc 文件，然后将视图模式切换到大纲视图。

第 3 题　为当前文档新建一个窗口。

第 4 题　将当前文档拆分为两个窗口，再取消拆分。

第5题　查看当前文档的 Web 版式视图。

第6题　显示当前文档的文档结构图，再关闭文档结构图。

第7题　将当前文档设置为蓝底白字显示。

2．解题思路

第1题　在 100% 下拉列表中选择显示比例，再单击滚动条底部的"选择浏览对象"按钮○，选择按标题浏览▤。

第2题　双击打开桌面上的 test.doc 文件，

然后选择【视图】→【大纲】菜单命令。

第3题　选择【窗口】→【新建窗口】菜单命令。

第4题　先选择【窗口】→【拆分】菜单命令，再选择【窗口】→【取消拆分】菜单命令。

第5题　选择【视图】→【Web 版式】菜单命令。

第6题　略。

第7题　选择【工具】→【选项】菜单命令，单击"常规"选项卡，选中"蓝底白字"复选框。

2.2　管理文档

考点分析：设置文档属性和加密文档是常考的内容。设置文档属性即查看与设置文档标题、作者和类别等信息。而加密文档则是要通过设置密码来保护文档的私有性。考生在输入密码时应注意根据考题的要求输入。此外还要熟悉搜索文档的方法。

学习建议：熟练掌握搜索文档、查看与设置文档属性、加密文档和保护文档几个知识点，对其他内容只需稍做了解即可。

2.2.1　搜索文档

在要使用文档又忘记了该文档的保存位置时，就需要先搜索找到该文档。除了应用 Windows 提供的文件搜索功能外，Word 本身也提供了搜索文档功能，下面进行介绍。

1．基本搜索

下面以在 H 盘中搜索含有"老友 退休"关键词的 Word 文件为例进行介绍。

　　1 选择【文件】→【文件搜索】菜单命令，打开"基本文件搜索"任务窗格，如图2-21所示。

　　2 在"搜索文本"文本框中输入要搜索的文档

中含有的某个或几个关键词，如输入"老友 退休"。

　　3 在"搜索范围"下拉列表框中选择搜索位置，默认对整个电脑进行搜索，如果知道文件位于哪个磁盘或文件夹，便可在该下拉列表框中进行选择，如图2-22所示。

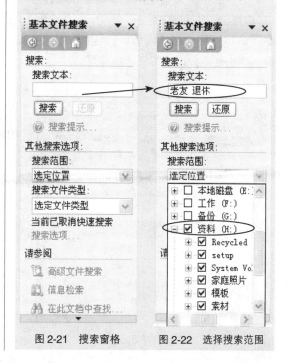

图 2-21　搜索窗格　　　图 2-22　选择搜索范围

④ 在"搜索文件类型"下拉列表框中可以选择搜索的文件类型，默认为 Office 文档，可选择只搜索 Word 文件，如图 2-23 所示。

⑤ 设置好搜索条件后，单击 搜索 按钮便可开始搜索，搜索结果会显示在列表中，将鼠标光标指向搜索结果上将显示保存路径，如图 2-24 所示。此时单击该文件名便可打开文档进行编辑。

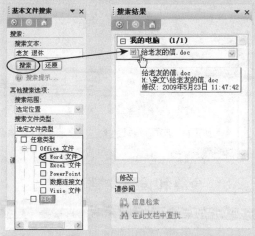

图 2-23　选择文件类型　　图 2-24　搜索结果

📖 **考场点拨**

考题有时会指定搜索范围，若没有指定则无需选择搜索范围，搜索文件类型默认为所有 Office 文件，若要求只搜索 Word 文件，则需进行选择。

2．高级搜索

运用高级搜索功能可以设置更精确、更多的搜索条件，其具体操作如下。

① 选择【文件】→【文件搜索】菜单命令，打开"基本文件搜索"任务窗格，单击其下方的"高级文件搜索"命令，将打开"高级文件搜索"任务窗格，如图 2-25 所示。

② 在"属性"下拉列表框中选择要搜索文件的属性，如标题、作者、大小、格式、模板、

修改时间等，然后在"条件"下拉列表框中选择相应的条件，如大于、包含等，某些条件需要在"值"文本框中输入条件的值。

③ 单击 添加 按钮，将设置的搜索条件添加到列表框中，如图 2-26 所示。

图 2-25　高级搜索窗格　　图 2-26　设置搜索条件

④ 此时还可继续添加设置其他搜索条件，并选择条件的运算关系，选中"与"单选项表示要求所有条件都满足，选中"或"单选项表示至少满足其中一个条件。如图 2-27 所示的条件表示搜索文件名中含有"Word"或本周修改过的文档。

⑤ 设置好条件后单击 搜索 按钮便可开始搜索，搜索结果将显示在列表中。

⑥ 双击找到的文件便可打开该文件，或用鼠标右键单击文件名，在弹出的快捷菜单中选择打开方式，如图 2-28 所示。

☀ **操作提示**

在图 2-28 的右键菜单中若选择"根据此文件创建"菜单命令，将创建包含该文件内容的新文档，若文件是模板则根据模板新建文档。选择"属性"命令可以设置文件的标题等属性，2.2.3 节将具体介绍。

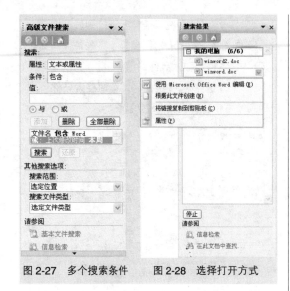

图 2-27 多个搜索条件   图 2-28 选择打开方式

2.2.2 指定文档的保存位置

当用户执行"保存"命令进行保存时，Word 会自动将文档的保存位置设为系统默认的位置，根据需要可以指定新文档的保存位置，其具体操作如下。

① 选择【工具】→【选项】菜单命令，打开"选项"对话框，单击"文件位置"选项卡，在"文件类型"列表框中 "文档"选项右侧的路径即为默认的保存路径，如图 2-29 所示。

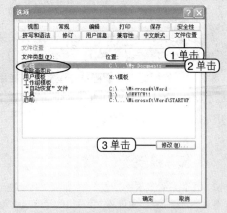

图 2-29 "文件位置"选项卡

② 选择该选项，单击 修改(M)... 按钮，打

开"修改位置"对话框，在"查找范围"下拉列表框中选择要保存的磁盘，再双击指定保存的目标文件夹，如双击 H 盘下的"学习资料"文件夹，单击 确定 按钮，如图 2-30 所示。

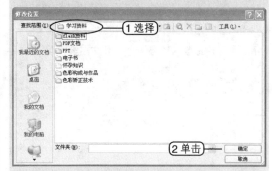

图 2-30 "修改位置"对话框

③ 返回"选项"对话框，将显示新的文档保存位置，单击 确定 按钮应用设置。

2.2.3 查看和设置文档属性

文档的属性是指该文件的信息摘要，包括标题、作者、用途、单位、关键词、类别和主题等，在传递和使用文档时通过查看文档的属性便可以更好地了解文档的用途以便管理文档。

在 Word 中可以设置 .doc 文档和 .dot 模板文档的属性，查看和手动填写文档属性的具体操作如下。

① 在 Word 中打开需设置的文档，选择【文件】→【属性】菜单命令，打开该文档的属性对话框，单击"常规"选项卡，可查看文档的类型、位置、大小，以及创建修改时间，如图 2-31 所示。

② 单击"摘要"选项卡，在"标题"等各个文本框中单击输入文档信息，如图 2-32 所示。

☀ **操作提示**

通过"我的电脑"窗口打开文档所在的文件夹窗口，在文档图标上单击鼠标右键，在弹出的快捷菜单中选择"属性"命令也可调出该文档的属性对话框。

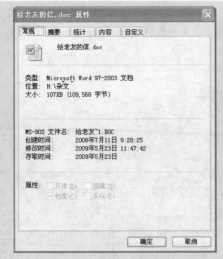

图 2-31　查看文档常规信息

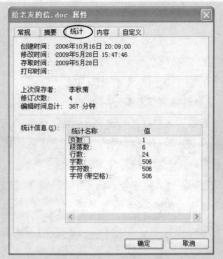

图 2-33　"统计"选项卡

图 2-32　"摘要"选项卡

[3] 单击"统计"选项卡，可以查看文档的行数、字数等统计信息，如图 2-33 所示。

[4] 单击"自定义"选项卡，可以添加文档的自定义属性，其中在"名称"文本框中可输入或在下方的列表框中选择分类，在"类型"下拉列表框中选择分类的取值类型，在"取值"文本框中输入名称的值，然后单击 添加(A) 按钮，将自定义的属性添加到"属性"列表框中，如图 2-34 所示。

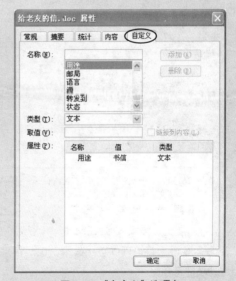

图 2-34　"自定义"选项卡

[5] 单击 确定 按钮，保存并应用所设置的文档属性值。

考场点拨

选择【工具】→【字数统计】菜单命令，也可查看当前文档的字数统计信息，考试时若无法通过"属性"命令操作则尝试使用该命令进行查看。

2.2.4　加密文档

对于比较重要或机密的文档，如果不想让别人看到或修改，可以创建文档密码。

为文档加密的具体操作如下。

1 选择【工具】→【选项】菜单命令，打开"选项"对话框，单击"安全性"选项卡。

2 在"打开文件时的密码"文本框中输入任意字母、数字或符号作为密码，在"修改文件时的密码"文本框中输入任意字母、数字或符号作为密码，如图 2-35 所示。

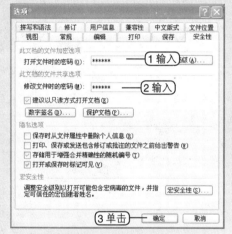

图 2-35　设置打开文档和修改文档的密码

3 如果要增加密码长度，可以单击 高级(A)... 按钮，选择一种加密类型，最大密码长度为 255 个字符，可以防止破解，但一般使用默认项即可。

4 设置密码后单击 确定 按钮，打开"确认密码"对话框，在其中再次输入所设置的打开文件时的密码，如图 2-36 所示。

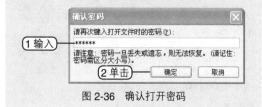

图 2-36　确认打开密码

5 单击 确定 按钮，在打开的对话框中再次输入修改文件时的密码，如图 2-37 所示。

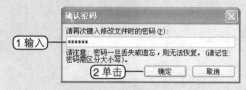

图 2-37　确认修改密码

6 单击 确定 按钮，密码设置生效，保存文档后下次打开和修改文档时则将提示输入密码。

在创建密码之后，如果不能正确输入密码或丢失密码，将无法打开或编辑受密码保护的文档。设置密码时可以只设置打开密码或只设置修改密码。如果要取消密码，可以在打开文档后，选择【工具】→【选项】菜单命令，在打开的"选项"对话框中单击"安全性"选项卡，删除打开密码或修改密码，再单击 确定 按钮即可。

📖 **考场点拨**

该知识点在命题时会指出打开和修改密码的要求，也可能只要求设置打开密码或只设置修改密码。

2.2.5　设置文档安全选项

为了保证文档的安全性，在"选项"对话框的"安全性"选项卡中还可以进行如下安全选项设置。

◈ 选中"建议以只读方式打开文档"复选框，则在打开文档时，Word 将建议以只读方式打开文档，用户可以接受或拒绝。如接受，对文档进行修改后只能通过另存为方式保存文档，原文档不会受影响。

◈ 选中"保存时从文件属性中删除个人信息"复选框，可以保护用户稳私，避免其他用户通过"属性"对话框查看到文档的作者姓名等个人信息。

◆ 选中"打印、保存或发送包含修订或批注的文件之前给出警告"复选框，则在打印、保存或发送包含修订或批注的文件之前给出提示，防止将这类信息共享。

◆ 单击 宏安全性(S)... 按钮，可以选择安全级别，如设置为高，可以有效防止 Word 宏病毒破坏文档。

2.2.6 保护文档

如果要保护文档，使其中某些格式不被修改，可以通过"保护文档"功能来实现。

1 选择【工具】→【保护文档】菜单命令，或在"选项"对话框的"安全性"选项卡中单击 保护文档(P)... 按钮，打开"保护文档"任务窗格，如图 2-38 所示。

2 要保存文档的格式，可以选中"限制对选定的样式设置格式"复选框，然后单击下方的"设置"超级链接。在打开的"格式设置限制"对话框的列表框中可以选中或取消选中要限制的样式，单击 确定 按钮，如图 2-39 所示。

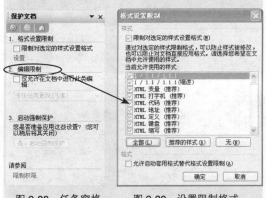

图 2-38 任务窗格   图 2-39 设置限制格式

3 在"保护文档"任务窗格中选中"仅允许在文档中进行此类编辑"复选框，然后在其下方的下拉列表框中选择允许编辑的选项，如修订、批注等，如图 2-40 所示。

图 2-40 选择允许进行的编辑

4 单击 是，启动强制保护 按钮，可在打开的对话框中设置保护文档的密码。

若要取消文档的保护，只需再次打开"保护文档"任务窗格，取消选中相应的限制复选框，若设置了密码，则需单击 停止保护 按钮，输入正确密码后才能取消保护。

2.2.7 自测练习及解题思路

1. 测试题目

第 1 题 为当前文档添加一个备注属性，内容为"这是我的报告"。

第 2 题 为当前文档添加属性，标题为"公司简介"，作者为"Li Qi"，单位为"蓝雨科技"。

第 3 题 以搜索的方式打开我的文档中关键词为"书信"的文件。

第 4 题 在我的文档中搜索内容含"计划"或上次打印时间为上周的 Word 文档。

第 5 题 将当前文档的打开和修改密码设置为 9523。

第 6 题 设置文档打开密码为 333。

第 7 题 对当前文档进行保护设置，仅允许对批注进行编辑。

2．解题思路

第1题 略。

第2题 略。

第3题 选择【文件】→【文件搜索】菜单命令，关键词为"书信"，搜索后单击打开文件。

第4题 选择【文件】→【文件搜索】菜单命令，单击"高级文件搜索"，先添加属性值为"计划"的条件，再添加上次打印时间为

"上周"的条件，关系为"或"，在搜索范围中选中"我的文档"再开始搜索。

第5题 略。

第6题 选择【工具】→【选项】菜单命令，单击"安全性"选项卡，输入打开文件的密码。

第7题 选择【工具】→【保护文档】菜单命令，选中"仅允许在文档中进行此类编辑"复选框，在下拉列表框中选择"批注"。

2.3 打印文档

考点分析：这是一个常考知识点，需重点掌握。这部分的考题较为简单，大部分只需在"打印"对话框中进行相关设置即可，因此考生要非常熟悉"打印"对话框中各项参数的作用。

学习建议：熟练掌握打印预览和各种不同的打印方式。

2.3.1 打印预览

完成文档编辑后，可将其打印输出。在打印文档之前，应该对其进行打印预览，以便对不完善的地方进行修改和调整。通过打印预览可以使用户在屏幕上预览到实际打印的效果，以确保打印后的效果与用户期望的一致。

选择【文件】→【打印预览】菜单命令，或单击"常用"工具栏中的"打印预览"按钮 ，即可切换到打印预览窗口，如图 2-41 所示。

利用如图 2-42 所示的打印预览工具栏按钮可以对文档进行以下操作。

❖ 单击"打印"按钮 ，可以在预览并确认内容无误后直接打印文档。

❖ 单击"放大镜"按钮 ，可以使鼠标光标在"放大镜"状态和编辑状态之间切换。当单击选中该按钮后，此时

光标呈放大镜状态，在预览页面上单击可以放大或缩小文档的显示效果。单击取消该按钮的选中状态后，可以在页面上进行复制、粘贴和删除等编辑操作。

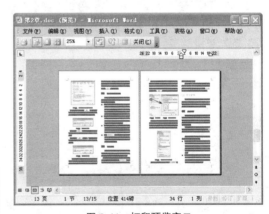

图 2-41 打印预览窗口

图 2-42 打印预览工具栏

❖ 单击"单页"按钮 将在打印预览视图中显示一页。

❖ 单击并按住"多页"按钮 不放，在弹出的列表框中拖动鼠标可选择在打印预览视图中显示的页数，如图 2-43 所示

为选择在预览窗口中一次显示4页。

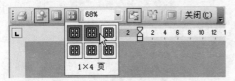

图2-43　选择打印预览的页数

◆ 单击"显示比例" 25% ▼右侧的下拉按
钮，在弹出的下拉列表框中可以选择
文档显示的比例。

◆ 单击"查看标尺"按钮 ，可以显示
或隐藏标尺。

◆ 如果文档的最后一页只有少量的文字，
可以单击"缩小字体填充"按钮 ，将
文字压缩到前一页，若较多则无法压缩。

◆ 单击"全屏"按钮 可进行全屏显示。

◆ 单击 关闭(C) 按钮或按【Esc】键可以退出
打印预览视图。

2.3.2　打印全文

若进行打印预览后确认文档的内容、格式
正确无误，即可开始正式打印文档。打印整篇
文档的具体操作如下。

1 打开要打印的文档，打开打印机电源开
关，执行以下任一种操作，打开"打印"对话框，
如图2-44所示。

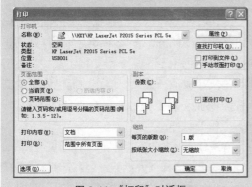

图2-44　"打印"对话框

◆ 选择【文件】→【打印】菜单命令。

◆ 按【Ctrl+P】键。

2 若装有多个打印机时，则在"打印机"
栏的"名称"下拉列表框中选择需要使用的打印
机。若单击 属性(P) 按钮，将打开该打印机
的"属性"对话框，在其中可改变所选打印机的
某些打印属性，如纸张质量、送纸方向和图像质
量等，一般不用更改其中的设置。

3 在"副本"栏下的"份数"数值框中可
以输入要打印的份数。选中"逐份打印"复选框
将逐份打印文档；取消选中该复选框将逐页打印
多份文档。

4 单击 确定 按钮开始打印文档。

操作提示

单击"常用"工具栏中的"打印"按钮 ，可以不
打开"打印"对话框，直接使用默认设置打印文档。

2.3.3　选择打印内容

如果要打印文档的特定部分，则需要在
"打印"对话框中进行设置。

1 选择【文件】→【打印】菜单命令，打
开"打印"对话框。

2 在"页面范围"栏中选中不同的单选项
可设置打印的页面范围。

◆ 选中"全部"单选项可以打印当前文档
的全部页面。

◆ 选中"当前页"单选项将只打印当前光
标所在的页。

◆ 选中"页码范围"单选项，并在其后的
文本框中输入要打印的页码或页码范围，
如输入"1-4"表示将打印文档的第1页
到第4页；输入"2，3，5"表示只打印
第2、3、5页。

3 在"打印内容"下拉列表框中可以选择

打印文档属性、标记列表、样式和自动图文集等，如图2-45所示。

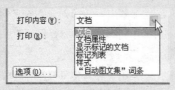

图2-45　选择打印内容

④ 在"打印"下拉列表框中可以选择只打印"奇数页"或"偶数页"。

⑤ 单击 确定 按钮开始打印文档。

2.3.4　双面打印

在 Word 中可以实现手动双面打印功能，其具体操作如下。

① 选择【文件】→【打印】菜单命令，打开"打印"对话框。

② 选中"手动双面打印"复选框。

③ 单击 确定 按钮将开始打印文档的奇数页，结束后将打开提示对话框，提示将已打印了一页的纸张取出后翻转再按顺序放入打印机以打印另一面。

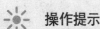 **操作提示**

在"打印"下拉列表框中选择只打印"奇数页"，打印后将纸张取出翻转到另一页放入，再在"打印"下拉列表框中选择只打印"偶数页"也可实现双面打印。

2.3.5　特殊打印

特殊打印包括在一张纸上打印文档的多个页面以及将文档内容打印成图片，便于发布到网上。

在一张纸上打印文档的多个页面的具体操作如下。

① 选择【文件】→【打印】菜单命令，打开"打印"对话框。

② 在"缩放"栏的"每页的版数"下拉列表框中选择在一张纸上打印的页数。

③ 在"按纸张大小缩放"下拉列表中选择纸张大小。

④ 单击 确定 按钮将开始打印文档。

将文档打印输出为图片的具体操作如下。

① 选择【文件】→【打印】菜单命令，打开"打印"对话框。

② 在"打印机"栏的"名称"下拉列表框中选择"Microsoft Office Document Image Writer"选项。

③ 单击 属性 按钮，在打开的对话框中单击"高级"选项卡，选中"TIFF-黑白传真"单选项，如图2-46所示。

图2-46　选择打印内容

④ 设置其他打印选项后单击 确定 按钮将开始打印文档。

2.3.6　停止打印作业

发送打印操作后可以根据需要取消或暂停打印某些打印任务，首先在系统自动打开的正在打印对话框中单击 取消 按钮或按【Esc】键即可快速取消。如果要停止前面已发送的某个打印作业，需要先打开后台打印队列窗口，方法有如下两种。

方法1：双击状态栏上的"打印机"图标。

方法2：选择【开始】→【打印机和传真】菜单命令，在打开的窗口中再双击打印机图标。

在打开的打印队列窗口中显示了当前所有的打印任务，在需要取消的任务上单击鼠标右键，在弹出的快捷菜单中选择"取消"菜单命令即可，如图2-47所示。

图 2-47　选择打印内容

2.3.7　设置打印选项

Word还提供了关于打印的选项设置，在打开的"打印"对话框中单击左下角的 选项(0)... 按钮，或选择【工具】→【选项】菜单命令后单击"打印"选项卡，将打开如图2-48所示的"打印"对话框，其主要打印选项的作用如下。

◆ 草稿输出：可以加快打印进程，以最少的格式打印文档。

◆ 后台打印：默认为选中状态，表示在打印时可继续其他操作，会占用较大内存。

图 2-48　"打印"对话框

◆ 更新域：表示在打印前将更新文档中的所有域，如插入的页码等。

◆ 更新链接：表示在打印前将更新文档中所有的超链接。

◆ 文档属性：表示将文档的摘要等属性打印到单独的页面上。

◆ 图形对象：默认为选中状态，表示打印文档中的图形对象。

◆ 背景色和图像：表示打印背景色和图像。

◆ 仅打印窗体域内容：表示只打印窗体中输入的数据。

◆ 在"双面打印选项"栏中可以设置双面打印时正、反面的页码顺序。

2.3.8　自测练习及解题思路

1．测试题目

第1题　对当前文档进行打印预览，并设置为两页显示。

第2题　将当前文档打印3份。

第3题　将当前文档设置为双面打印。

第4题　将文档设置为逆页序打印，并打印文档。

第5题　打印当前文档的第3、5、7页。

2．解题思路

第1题　进入打印预览窗口，单击并按住"多页"按钮 不放，在弹出的列表框中拖动鼠标选择1×2页。

第2题　选择【文件】→【打印】菜单命令，在"份数"数值框中输入3后打印。

第3题　选择【文件】→【打印】菜单命令，选中"手动双面打印"后打印。

第4题　选择【文件】→【打印】菜单命令，单击 选项(0)... 按钮，选中"逆页序打印"复选框，返回后再打印。

第5题　选择【文件】→【打印】菜单命令，选中"页面范围"单选项，输入"3、5、7"。

第 **3** 章 ▸输入、编辑与校对文本◂

输入、编辑与校对文本是编辑文档的基本操作，也是处理文本的基本功。本章从如何定位插入点开始，详细讲解了输入各种字符、选择对象、移动与复制文本、选择性粘贴、使用 Office 剪贴板、使用超链接、查找与替换、校对文本、修订文本以及添加批注和摘要等操作。学完本章后，就可以编辑各种文档的内容了。

3.1 定位插入点输入文本

考点分析：考题很少会单独考定位插入点，因为定位插入点的操作非常简单，只需用鼠标单击要插入的位置即可。但考题有时会要求通过"定位"命令和文档结构图来定位插入点。

学习建议：熟练掌握定位插入点的各种方法，这是在 Word 中编辑文本的第一步，也是学习文档编辑操作与顺利完成其他考题的必备基础。

3.1.1 指定插入点

在新建或打开文档后，文档中将显示一个闪烁的竖条┃，称为"插入点"，又叫"插入光标"，表示可以从该位置开始输入文本，下面介绍几种定位插入点的方法。

通过指定插入点便可以在文档的指定位置输入文本，指定插入点的方法主要有如下两种。

方法 1：用鼠标单击指定。如果要在已有文本的文档中定位插入点，可以将鼠标光标移动到目标位置，然后单击鼠标左键，即可将"插入点"移至单击处。

方法 2：用键盘指定。使用快捷键可以移动插入点的位置，大部分快捷键为编辑控制区中的按键，具体如表 3-1 所示。

表 3-1　　　　定位插入点的快捷键与功能

快捷键	移动插入点的功能
←	将插入点左移一个字符
→	将插入点右移一个字符
↑	将插入点上移一行
↓	将插入点下移一行
Ctrl+ ←	将插入点左移一个字或一个单词
Ctrl+ →	将插入点右移一个字或一个单词
Ctrl+ ↑	将插入点移动至上一个段首
Ctrl+ ↓	将插入点移动至下一个段尾
Tab	将插入点右移，在光标前插入制表符
Backspace	将插入点左移，删除光标前一个字符
Page Up	将插入点上移一页
Page Down	将插入点下移一页
Ctrl+Page Up	将插入点上移至上页顶端
Ctrl+Page Down	将插入点下移至下页顶端
Home	将插入点移至当前行首
End	将插入点移至当前行尾
Ctrl+Home	将插入点移至文档开头
Ctrl+End	将插入点移至文档末尾
Ctrl+F5	将插入点移至上次编辑过的位置

3.1.2　使用即点即输

所谓即点即输是指在目标位置双击鼠标左键定位插入点的方式，输入的文本将自动应用对齐格式。

即点即输主要用于在空白文档中定位插入点时使用，或在文档任意空白区域中双击插入文字。将鼠标指针放置在不同的位置，其形状也将发生改变，表示的对齐格式也不同，各种鼠标形状及其对应的格式含义如表 3-2 所示。

表 3-2　　　　即点即输光标形状的含义

指针	应用格式	指针	应用格式
I⁼	两端对齐	I⁼	左对齐
↓	居中对齐	⁼I	右对齐
I⁼	左文字环绕	⁼I	右文字环绕

例如使用即点即输在空白文档中输入居中对齐文本"通知"，再运用左对齐输入"国庆放假 7 天，从 10 月 1 日开始到 10 月 7 日。"，最后用右对齐输入"蓝光科技"。其具体操作如下。

1 在空白文档中将鼠标移动到文档上方的空白处，此时光标变成 I 形状，双击将文本插入点定位到该位置，输入文本"通知"，如图 3-1 所示。

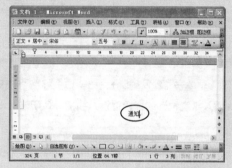

图 3-1　用即点即输输入居中对齐文本

2 将鼠标移到标题下方左侧空白位置，此时光标变成 I⁼ 形状，双击输入所要求的文本。

3 将鼠标移到右下方空白位置，当光标变成 ⁼I 形状，如图 3-2 所示，此时双击输入文本"蓝光科技"。

图 3-2　用即点即输右对齐光标

☀ **操作提示**

Word 在默认情况下处于"文本插入"状态，此时状态栏中显示的是灰色"改写"字样，按【Insert】键或双击状态栏中的"改写"按钮，可以切换为"改写"状态，此时状态栏中显示的是黑色的"改写"字样，在改写状态下输入文本时将删除插入点右侧的字符。

3.1.3 用文档结构图定位光标

第2章中介绍了文档结构图的打开与使用方法，使用文档结构图定位光标，实际上是通过选择相应的标题级别进行定位。

例如要在当前文档中使用文档结构图，显示出标题级别3，并将插入点定位到"2.1.4 拆分文档窗口"，其具体操作如下。

1 在文档中选择【视图】→【文档结构图】菜单命令，打开文档结构图。

2 在文档结构图中单击鼠标右键，在弹出的快捷菜单中选择"显示至标题3"菜单命令。

3 单击"2.1.4 拆分文档窗口"标题，便可将插入点定位到该标题位置，如图3-3所示。

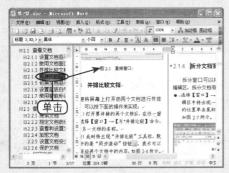

图3-3 用文档结构图定位光标

☀ **操作提示**

使用文档结构图的前提是当前文档中必须使用了标题1等 Word 内置的标题样式，才能显示出相应的级别标题，使用 Word 内置标题样式的操作方法可参考第5章。

3.1.4 使用书签和"定位"命令

使用书签可以在文档中标记位置，然后再使用"定位"命令快速定位到书签，同时还可定位到页、节、行和脚注等位置。

1. 使用书签

要定位到书签，必须先插入书签再使用，其具体操作如下。

1 在文档中单击要插入书签的位置，然后选择【插入】→【书签】菜单命令，打开"书签"对话框。

2 在"书签名"文本框中输入书签的名称，如图3-4所示。

3 单击 添加(A) 按钮，便可在插入点位置添加定位的书签并关闭对话框。

4 用同样的方法还可以定义多个书签。使用时只要在"书签"对话框中选择某个书签后单击 定位(G) 按钮，便可将插入点定位到书签位置，如图3-5所示。

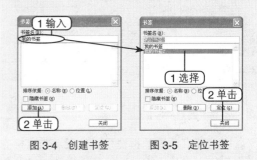

图3-4 创建书签　　图3-5 定位书签

在"书签"对话框中选择书签后单击 删除(D) 按钮可以删除该书签，如果书签太多不易查找，可以选择按"名称"或"位置"排列书签，以便查找。

2. 使用"定位"命令

使用"定位"命令可以定位到文档中的页、节、行、书签、批注和脚注等位置，适用于在长文档中移动插入点。

例如要使用"定位"命令定位到文档中的第6页，其具体操作如下。

1 选择【编辑】→【定位】菜单命令或按【F5】键，打开"查找和替换"对话框的"定位"

选项卡。

2 在"定位目标"列表框中选择要定位的元素"页"，然后在右侧的文本框中输入要定位的页数值 6，如图 3-6 所示。

图 3-6 "定位"选项卡

3 单击 定位(T) 按钮，便可将插入点位置定位到第 6 页。

4 单击 关闭 按钮可关闭对话框。

3.1.5　自测练习及解题思路

1．测试题目

第 1 题 将插入点定位到第 2 行"工作守则"前，插入文本"职员"。

第 2 题 添加一个名为"书签 1"的书签。

第 3 题 删除当前位置的"二十章"书签。

第 4 题 运用定位操作将插入点定位到第 12 行。

注：使用光盘中的"公司制度 .doc"（光盘:\素材\第 3 章）作为练习环境。

2．解题思路

第 1 题 在"工作守则"文本前单击输入。

第 2 题 选择【插入】→【书签】菜单命令，输入书签的名称，单击 添加(A) 按钮。

第 3 题 选择【插入】→【书签】菜单命令，选择"二十章"书签，单击 删除(D) 按钮。

第 4 题 选择【编辑】→【定位】菜单命令，选择"行"，输入 12，单击 定位(T) 按钮。

3.2　快速输入字符

考点分析：这一考点经常考到，在同一套考题中可能有 1 ～ 3 道题，出现较为频繁的是输入日期和时间、插入符号和使用自动图文集这 3 个方面的考题，其他知识点要相对少些。

学习建议：熟练掌握本节所有的知识点，并能够熟练操作。

在定位文本插入点后，就可以输入文字了，若需要输入汉字则需要先切换到中文输入状态，如五笔字型输入法等。当输入满一行后 Word 会自动换行，若需分段则按【Enter】键。要提高文本的输入与编辑效率，还需要掌握以下一些快捷输入方式。

3.2.1　输入日期和时间

Word 默认启用了记忆时间输入功能，每当输入日期或时间的前几个字符时将自动弹出当前日期的屏幕提示，如图 3-7 所示。此时要接受则按【Enter】键，否则继续输入。

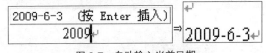

图 3-7 自动输入当前日期

除了直接输入外，还可以通过 Word 提供的插入功能将日期和时间快速插入文档。其具体操作如下。

1 将文本插入点定位到要插入日期的位置，选择【插入】→【日期和时间】菜单命令。

2 在打开的"日期和时间"对话框的"可用格式"列表框中选择要插入的日期或时间格

式，如图3-8所示。

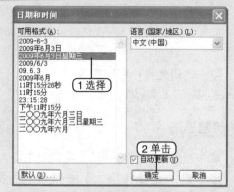

图3-8　"日期和时间"对话框

③ 如果需要在下次打开或编辑文档时该日期或时间自动更新为当前的系统时间，可以选中"自动更新"复选框。

④ 双击要插入的日期和时间，或选择后单击 确定 按钮。

☀ 操作提示

如果要插入创建文档的时间、上次保存或打印的日期和时间，可以选择【插入】→【域】菜单命令，在"类别"下拉列表框中选择"日期和时间"选项，再在"域名"列表框中选择要插入的域，在"日期格式"列表中选择所需的格式后插入。

3.2.2　插入页码

在长文档中经常需要插入页码并修改页码的格式，下面介绍插入页码的方法。

1．插入页码

例如，要在"职业技能"文档页面底端的左侧插入页码，起始页码为3，首页显示页码，其具体操作如下。

① 打开需要插入页码的"职业技能"文档（光盘：\素材\第3章），选择【插入】→【页码】菜单命令，打开"页码"对话框。

② 在"位置"下拉列表框中选择页码的位置为"页面底端（页脚）"命令。

③ 在"对齐方式"下拉列表框中选择页码的对齐方式为"左侧"，然后选中"首页显示页码"复选框，表示首页上也要显示页码，如图3-9所示。

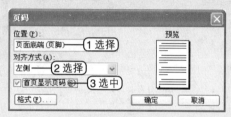

图3-9　"页码"对话框

④ 单击 格式(F)... 按钮，打开"页码格式"对话框，选中"起始页码"单选项，并在数值框中输入3，如图3-10所示。

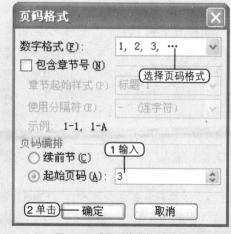

图3-10　"页码格式"对话框

⑤ 单击 确定 按钮即可插入页码，效果如图3-11所示。

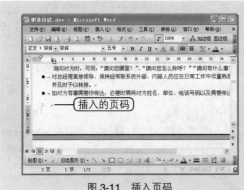

图 3-11 插入页码

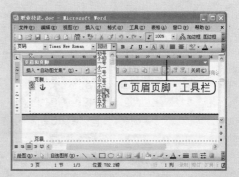

图 3-12 设置页码字号大小

在"页码格式"对话框中还可以进行如下一些设置操作。

◈ 在"数字格式"下拉列表框中可以选择页码数字的格式,如"I, II, III……"等。

◈ 选中"包含章节号"复选框,表示在页码中将添加章节号(应用标题级别编号后才能生效)。

◈ 可选中"续前节"单选项与上一节连续编号。此时需使用分节符将文档划分出章节才能在每一节重新编号。

2. 设置页码格式

插入页码后若要设置页码的字体格式或删除页码需要进入页眉和页脚视图,方法是选择【视图】→【页眉和页脚】菜单命令,或双击文档的页眉和页脚区域,进入页眉和页脚编辑状态。此时可以进行如下编辑操作:

1 单击页码,将出现页码图文框,在页码框中单击并拖动鼠标可以选中页码。

2 通过与设置普通文本字体格式的方法可对页码进行格式设置|(这在第4章有详细介绍)。如图3-12所示为在"格式"工具栏中修改页码的字号大小。

3 选择页码后按【Delete】键可以删除页码。

4 完成后选择【视图】→【页眉和页脚】菜单命令,或单击"页眉和页脚"工具栏中的 关闭(C) 按钮,可退出页眉和页脚编辑状态。

3.2.3 插入符号

在 Word 中选择【插入】→【符号】菜单命令,可以插入各种符号和特殊字符。

1. 插入符号

如要在"写作培训"文档的"内容要求:"前插入"📖"符号,其具体操作如下。

1 打开"写作培训"文档(光盘:\素材\第3章),将文本插入点定位到要插入符号的位置,这里定位到"内容要求:"的前面。

2 选择【插入】→【符号】菜单命令,在打开的对话框中单击"符号"选项卡,在"字体"下拉列表框中选择一种字符集,不同的字符集下有不同的符号,这里选择"Wingdings"选项。

3 在打开的符号列表框中选择要插入的"📖"符号,然后单击 插入(I) 按钮,或者双击该符号即可如图3-13所示。

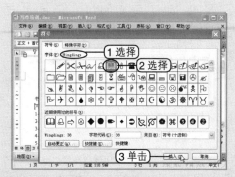

图 3-13　插入符号

4 若有需要还可以继续插入其他符号，完成后单击 关闭 按钮，关闭对话框。插入符号的效果如图 3-14 所示。

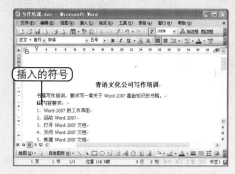

图 3-14　插入符号后的效果

考场点拨

当遇到要求插入某个符号的考题时一般是选择【插入】→【符号】菜单命令进行插入，插入时若默认打开的"符号"选项卡下没有要插入的符号，则选择 Wingdings、Wingdings2 字体进行查看。若要求插入商标符号、注册符号和版权符号等，则表示要在"特殊字符"选项卡下插入，并注意要与 3.2.4 节所介绍的插入特殊符号区别开。

2．插入特殊字符

在"符号"对话框中还可以插入特殊字符，

如要在"写作培训"文档标题中的"青语文化公司"后面插入商标符号"™"，其具体操作如下。

1 在"写作培训"文档中将文本插入点定位到要插入特殊符号的位置，这里定位到"青语文化公司"后面。

2 选择【插入】→【符号】菜单命令，在打开的对话框中单击"特殊字符"选项卡，在列表框中选择要插入的"商标"选项，单击 插入(I) 按钮。

3 单击 关闭 按钮，关闭对话框。

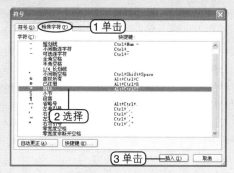

图 3-15　插入商标符号

3．为符号设置快捷键

为了提高输入速度，可以为"符号"对话框中的常用符号指定快捷键。

如为"$"符号自定义快捷键为"Alt+R"，其具体操作如下。

1 选择【插入】→【符号】菜单命令，打开"符号"对话框。

2 选中要设置快捷键的符号，这里选择"普通文本"字体下的"￥"符号，然后单击 快捷键(K)... 按钮。

3 打开"自定义键盘"对话框，在"请按新快捷键"文本框中按下要指定的快捷键"Alt+R"，如图 3-16 所示。

图 3-16 指定符号快捷键

4 单击 指定(A) 按钮，快捷键将出现在"当前快捷键"列表框中，在"将更改保存在"下拉列表框中可以选择该快捷键的应用范围，使用默认的 Normal.dot 即可。

5 关闭对话框，定义后在文档中按【Alt+R】键便可输入"¥"符号。

3.2.4 插入特殊符号

在 Word 中还可以选择【插入】→【特殊符号】菜单命令，插入各种特殊符号。

1．插入方法

如要在文档的"编写要求："前面插入特殊符号"①"，其具体操作如下。

1 在"写作培训"文档中将文本插入点定位到指定位置，这里定位到"编写要求："前面。

2 选择【插入】→【特殊符号】菜单命令，打开"插入特殊符号"对话框，根据符号类型单击相应的选项卡，这里单击"数字序号"选项卡。

3 在符号列表框中选择要插入的"①"符号，如图 3-17 所示。

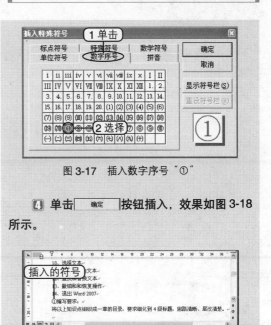

图 3-17 插入数字序号"①"

4 单击 确定 按钮插入，效果如图 3-18 所示。

图 3-18 插入效果

2．自定义符号栏

选择【视图】→【工具栏】→【符号栏】菜单命令，将打开如图 3-19 所示的符号栏，单击其中的符号可以将之快速插入文档。

图 3-19 符号栏

通过"特殊符号"命令可以自定义符号栏中的符号，其具体操作如下。

1 选择【插入】→【特殊符号】菜单命令，打开"插入特殊符号"对话框，单击 显示符号栏(S) 按钮，在对话框下方将显示出符号栏。

2 将上方的符号列表框中的符号拖动至符号栏中的某个按钮上，便可改变该按钮上的符号，如图 3-20 所示。

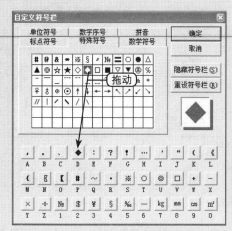

图 3-20　自定义符号栏

③ 用同样的方法可以自定义符号栏中其他按钮上的符号，完成后单击 隐藏符号栏(S) 按钮，再关闭对话框。若需要恢复符号栏到默认状态，则单击 重设符号栏(R) 按钮。

3.2.5　使用自动更正

运用自动更正功能可以检查拼写错误、语法错误，并自动纠正错误，自动替换为正确的字符。

利用自动更正功能可以将容易混淆的错别字设置成自动更正词条，一旦输入错误将自动更正。也可以为一些特殊输入设置自动更正，如当输入"青语"时自动更正为"上海青语文化传播有限公司"，从而提高输入速度。

下面将创建自动更正词条，将"公正"更正为"公证"，并在文档中输入"公正"进行验证。其具体操作如下。

① 选择【工具】→【自动更正选项】菜单命令，打开"自动更正"对话框，单击"自动更正"选项卡。

② 先选中"键入时自动替换"复选框，启用自动更正功能，如图 3-21 所示。

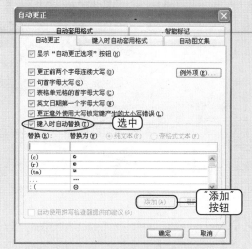

图 3-21　启用"键入时自动替换"功能

③ 在该对话框下方的"替换"文本框中输入要替换的词条"公正"。

④ 在"替换为"文本框中输入替换后的词条"公证"。

⑤ 单击 添加(A) 按钮，将该词条添加到自动更正词条列表框中，效果如图 3-22 所示。

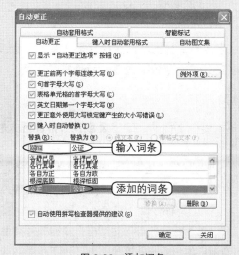

图 3-22　添加词条

⑥ 单击 确定 按钮，关闭对话框，在文档中输入"公正"后将自动被替换为"公证"。

入，如图 3-23 所示。

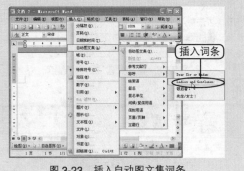

图 3-23　插入自动图文集词条

操作提示

在自动更正词条列表框中选中需要删除或更改的词条，此时，在"替换"和"替换为"文本框中出现该词条，单击 删除(D) 按钮可删除；对于需要更改的词条重新在"替换"和"替换为"文本框中进行输入，再单击 替换(A) 按钮将其更改。

在"自动更正"选项卡中选中"键入时自动替换"复选框，才能启用自动更正功能，其他几个复选框的作用如下。

◆ 更正前两个字母连续大写：选中后可以更改大小写混用的情况，如输入"EXe"，可以更正为"exe"。

◆ 句首字母大写：输入英文时将句首字母自动更改为大写。

◆ 表格单元格的首字母大写：自动将表格单元格中的首字母改为大写。

◆ 英文日期第一个字母大写：输入英语时自动将英文日期的首字母转换为大写。

◆ 更正意外使用大写锁定键产生的大小写错误：如可以将"WoRd"更正为"Word"。

3.2.6　使用自动图文集

使用自动图文集可以快速插入文字、图形等对象，而且可以反复多次使用。

1. 插入自动图文集词条

Word 提供了多种内置自动图文集词条，如称呼、信函结束语等，在文档中插入自动图文集的具体操作如下。

1 在需要插入自动图文集的位置单击定位插入点，选择【插入】→【自动图文集】菜单命令。

2 在分类子菜单中单击需要的词条进行插

2. 创建自动图文集词条

如要将文档中的"✄"符号手动创建为自动图文集词条，名称为"1"，然后输入 1 进行验证，其具体操作如下。

1 选择要保存为自动图文集词条的"✄"符号。

2 选择【插入】→【自动图文集】→【新建】菜单命令或按【Alt+F3】键。

3 在打开的对话框中输入名称"1"，单击 确定 按钮创建词条，如图 3-24 所示。

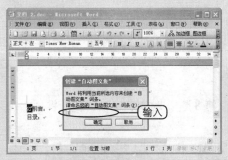

图 3-24　创建自动图文集

4 在文档中的"目录"前面单击输入"1"，然后选中"1"，按【F3】键便可输入对应的图文集词条，如图 3-25 所示。

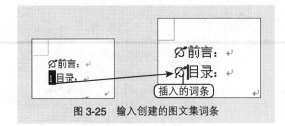
图 3-25 输入创建的图文集词条

考场点拨

创建词条后选择【插入】→【自动图文集】菜单命令，在其子菜单底部选择创建的词条名称也可插入词条。在考题中若没有指定词条名，则使用默认名称，再通过菜单命令进行插入验证。

3．删除自动图文集词条

删除自动图文集词条的具体操作如下。

1️⃣ 选择【插入】→【自动图文集】→【自动图文集】菜单命令。

2️⃣ 打开"自动更改"对话框，在"自动图文集"选项卡的列表框中选择要删除的词条，单击 删除(D) 按钮删除。

3.2.7 自测练习及解题思路

1．测试题目

第1题 在文档中插入"✂"符号。

第2题 在当前位置插入版权所有符号"©"。

第3题 为字符 @ 设置快捷键 Alt+A。

第4题 在文档页脚的居中位置插入页码。

第5题 将标题中的"工作守则"创建为自动图文集词条，词条名为"123"。

第6题 启动 Word 的自动更正功能，并设置当输入"清渡"时，自动更正为"成都清渡文化有限公司"。

第7题 建立自动图文集词条"月光"，并在当前光标处插入该词条。

2．解题思路

第1题 略。

第2题 选择【插入】→【符号】菜单命令，单击"特殊字符"选项卡，选择"©"符号插入。

第3题 略。

第4题 选择【插入】→【页码】菜单命令，在"位置"下选择"页面底端（页脚）"，在"对齐方式"下选择"居中"后插入。

第5题 选中"工作守则"，选择【插入】→【自动图文集】→【新建】菜单命令，输入名称"123"，单击 确定 按钮。

第6题 选择【工具】→【自动更正选项】菜单命令，单击"自动更正"选项卡，选中"键入时自动替换"，在"替换"框中输入"清渡"，在"替换为"框中输入"成都清渡文化有限公司"后确认。

第7题 在文档中输入"月光"并选中它，选择【插入】→【自动图文集】→【新建】菜单命令，单击 确定 按钮后选择【插入】→【自动图文集】→【月光】菜单命令插入。

3.3 文本编辑操作

考点分析：这是常考的知识点，内容较多，在同一套题中并不会出现所有的知识点。其中，常考的是选择文本、移动与复制文本和剪贴板的使用。考生在答题时要注意每种编辑操作都有多种方法，应先选择常用的方法操作。

学习建议：熟练掌握选择文本的各种方式，以及剪切、移动和复制文本的各种方法。了解选择性粘贴操作、插入现有文件和删除文本操作，掌握撤消和恢复的操作方法。

3.3.1 选择操作对象

Word 中的操作对象主要包括文本和图形，选择文本内容既可使用鼠标，也可通过键盘来选定，还可结合鼠标和键盘进行选择，被选中的文本默认将以黑底白字显示，单击其他任意位置便可取消选择。

1．选择任意数量的文本

要选择任意数量的文本，可以采用如下几种方法。

方法 1：拖动选择。

将鼠标光标移到文档中时，鼠标光标变成 I 形状，在要选择的文本起始处单击，然后按住鼠标左键不放，拖曳至要选择的文本后面，再释放鼠标即可将中间拖动过的文本选中，如图 3-26 所示。

图 3-26　拖动选择任意数量的文本

方法 2：用【Shift】键选择。

单击文本起始处，再利用滚动条找到要选择的文本的结束位置，按住【Shift】键不放，在结尾处单击鼠标左键并释放【Shift】键，即可选取该区域之间的所有文本。

方法 3：利用扩展功能选择。

单击文本起始处，按【F8】键或双击状态栏中的"扩展"按钮 扩展 （使其变为黑色显示），再在要选择文本的结尾处单击鼠标即可选择该区域之间的所有文本，如图 3-27 所示。不使用扩展功能时，再次按【F8】键或双击状态栏上的 扩展 按钮即可关闭扩展功能。

图 3-27　利用扩展功能选择文本

2．选择一个单词、一个句子和一行文本

◈ 选择一个单词：用鼠标左键双击该单词，即可选择该单词。

◈ 选择一个句子：按住【Ctrl】键不放，单击句子中的任意位置便可选择。

◈ 选择一行：将鼠标光标移到文本编辑区左侧，当其变成 ⌐ 形状时单击便可选择该行文本，如图 3-28 所示。此时按下鼠标左键不放向下拖动可以选择连续的多行文本。

图 3-28　选择一行文本

3．选择整段文本

选择一整段文本的方法有如下几种。

方法 1：将鼠标光标移到段落起始处单击，按住鼠标左键不放拖动至该段落末尾（含段落标记）。

方法 2：将鼠标光标移到文本编辑区左侧空白区域（称为"选择栏"），当鼠标变成 ⌐ 形状后双击鼠标左键，即可选择该段的所有文本内容，如图 3-29 所示。

方法 3：将鼠标光标移动到需要选择的

段落中,连续3次单击鼠标左键可选择该段落。

图 3-29　选择整个段落文本

4.选择整篇文档

选择整篇文档内容有如下几种方法。

方法1:将鼠标光标移到文本编辑区左侧,当其变成形状时,按住【Ctrl】键不放单击鼠标左键,即可选择整篇文档内容。

方法2:将鼠标光标移到文本编辑区左侧,当鼠标变成形状后,连续3次单击鼠标左键。

方法3:选择【编辑】→【全选】菜单命令可以选择整篇文档。

方法4:按【Ctrl+A】键。

5.其他选择方式

在 Word 中还提供以下几种特殊的选择方式。

◈ 选择不连续的多个文本块:先选择一处文本,按住【Ctrl】键不放,再拖曳鼠标在文档中选择其他文本。

◈ 选择垂直矩形文本块:按住【Alt】键不放,拖动鼠标或使用键盘上的方向键即可选取矩形文本块,如图 3-30 所示。

图 3-30　选择垂直矩形文本块

◈ 选择页眉和页脚中的文本:双击页眉或页脚区域,再分别在页眉或页脚区域中单击并拖动,便可选择相应的

内容。

◈ 选择非文本对象:对于文档中的图片、文本框、剪贴画等对象,只需用鼠标单击相应的对象便可选中。对于浮于文字上方的多个图形,可按住【Ctrl】键不放逐一单击可以选择多个浮动对象。

> **考场点拨**
>
> 重点掌握上面介绍的运用鼠标拖动选择任意文本、选择整段文本和选择整篇文档的方法。由于选择文本有多种方法,在考试时若一种方法不行则换另一种,如选择一段文本若不能拖动选择,则考虑使用选择栏进行选择。

3.3.2　剪切、移动和删除文本

通过移动文本可以将选择的文本从一个位置移到另一个位置,也可将文本剪切后在其他多个位置进行粘贴,对于多余的文本可将其删除。

1.剪切文本

剪切文本实际上也是移动文本的一种方式。如将"橙子"文档中第 2 段第 1 句文本剪切后移至文档开始处,其具体操作如下。

1 打开"橙子"文档(光盘\素材\第3章),拖动选择文档第二段第一句文本,如图 3-31 所示。

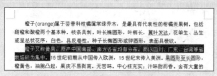

图 3-31　选择要剪切的文本

2 单击"常用"工具栏中的"剪切"按钮，或选择【编辑】→【剪切】菜单命令,或者按【Ctrl+X】键剪切文本。

3 在文档最开始的位置上单击定位插入点，单击"常用"工具栏中的"粘贴"按钮，或选择【编辑】→【粘贴】菜单命令，或按【Ctrl+V】组合键粘贴文本，效果如图 3-32 所示。

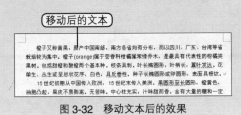

图 3-32 移动文本后的效果

2．用鼠标移动文本

移动文本时还可以用鼠标拖动实现，其方法是选择需要移动的文本后，按住鼠标左键不放，此时鼠标光标变为形状，并出现一条虚线，移动鼠标光标，当虚线移动到目标位置时，释放鼠标左键即可将选择的文本移动到该处，如图 3-33 所示。

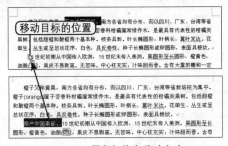

图 3-33 用鼠标拖曳移动文本

☀ **操作提示**

选择要移动的文本，按下鼠标右键拖动到目标位置，在松开鼠标右键后，可在弹出的下拉菜单中选择"移动到此位置"命令也可移动文本。

3．删除文本

删除文本有如下几种方法。

方法 1：按【BackSpace】键删除插入点左侧的文本。

方法 2：按【Delete】键删除插入点右侧的文本。或选择要删除的文本后按【Delete】键。

方法 3：选择文本后单击"常用"工具栏中的"剪切"按钮。

方法 4：先选择要删除的文本，再选择【编辑】→【清除】→【内容】菜单命令。

3.3.3 复制和粘贴文本

通过复制与粘贴操作可以将选择的文本复制到另一个位置。如要将"橙子"文档的最后一段复制到新建的空白文档中，其具体操作如下。

1 在"橙子"文档中拖动选择文档最后一段文本，然后执行以下任一操作便可复制文本，如图 3-34 所示。

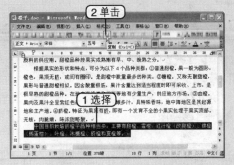

图 3-34 选择并复制文本

◈ 按【Ctrl+C】键。

◈ 单击"常用"工具栏中的"复制"按钮。

◈ 选择【编辑】→【复制】菜单命令。

◈ 单击鼠标右键，在弹出的快捷菜单中选择"复制"菜单命令。

2 新建一篇空白文档，将插入点定位到空白位置中，执行以下任一操作便可粘贴文本，完成复制后的效果如图 3-35 所示。

◈ 按【Ctrl+V】键。

◈ 单击"常用"工具栏中的"粘贴"按钮。

◈ 选择【编辑】→【粘贴】菜单命令。

◈ 单击鼠标右键，在弹出的快捷菜单中选择"粘贴"菜单命令。

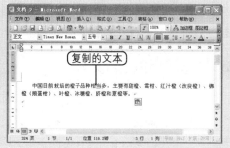

图 3-35　在新文档中粘贴文本

操作提示

如果是在同一篇文档中复制文本，或复制距离较近时，也可以选择需要复制的文本后，按住【Ctrl】键不放拖动到目标位置进行快速复制。

所介绍的复制与移动文本的方法同样适用于复制与移动图形对象。

3.3.4　选择性粘贴文本

在粘贴文本时会连同文本的字体等格式一起复制到目标位置，因此当从其他软件复制或要复制的文本格式与粘贴位置格式不一样时，便可通过选择性粘贴功能选择粘贴方式。

如要将"目录"文档中的所有文本选择性粘贴到当前文档的末尾，并采用无格式文本粘贴，其具体操作如下。

■ 打开"目录"文档（光盘:\素材\第3章），按【Ctrl+A】键选择整篇文档。

② 选择【编辑】→【复制】菜单命令或按【Ctrl+C】键复制文本，如图3-36所示。

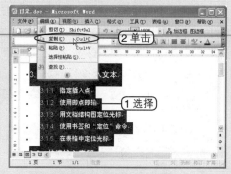

图 3-36　复制选择的文本

③ 将插入点定位到文档末尾，选择【编辑】→【选择性粘贴】菜单命令，打开"选择性粘贴"对话框。

④ 在"形式"列表框中选择一种粘贴形式（这里选择"无格式文本"），在"结果"栏将出现对该粘贴形式的说明，这里选择"无格式文本"选项，如图3-37所示。

图 3-37　"选择性粘贴"对话框

⑤ 单击 确定 按钮粘贴文本，同时清除原文本的所有格式，效果如图3-38所示。

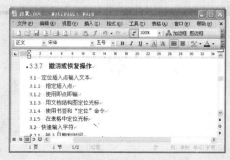

图 3-38　选择性粘贴文本的结果

操作提示

在"选择性粘贴"对话框中如果粘贴的对象来源于其他程序，则可以选择"粘贴链接"或"显示为图标"选项。

3.3.5 使用Office剪贴板

在文档中执行复制操作后实际上是将选择的文本存放到了 Office 剪贴板中，可以供用户多次粘贴使用，或在其他 Office 组件中反复粘贴使用。

Office 剪贴板最多可以存放 24 个粘贴对象，后面复制的对象将替换掉剪贴板中的第一个对象，要使用 Office 剪贴板，必须先将其打开，方法如下。

方法 1：选择【编辑】→【Office 剪贴板】菜单命令。

方法 2：连续两次复制同一对象，或按两次【Ctrl+C】键。

方法 3：若已打开了任务窗格，单击右上角的 ▼ 按钮，在弹出的列表中选择"剪贴板"。

打开 Office 剪贴板后每执行一次复制操作，都将内容放在剪贴板中。当需要将剪贴板中的内容粘贴到文档中时，先定位好插入点位置，再单击剪贴板中的内容项即可，如图 3-39 所示。

图 3-39　粘贴剪贴板中的内容

单击粘贴项右侧的下拉按钮，在弹出的列表中选择"粘贴"命令也可进行粘贴，若选择"删除"命令则可将该粘贴项删除。

单击剪贴板中的 全部粘贴 按钮可以粘贴全部对象，单击 全部清空 按钮可以删除剪贴板中的所有内容。单击左下角的 选项▼ 按钮，可以设置 Office 剪贴板的选项，如图 3-40 所示。

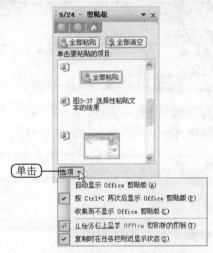

图 3-40　设置 Office 剪贴板选项

3.3.6 插入现有的文件

在 Word 中可以将已有的记事本文档、写字板文档和 Word 文档等文件的全部内容插入到当前文档中。

如要将"我的文档"中的"黄梅戏.doc"文件内容插入文档，其具体操作如下。

1 在文档中单击要插入文件的位置。

2 选择【插入】→【文件】菜单命令，打开"插入文件"对话框。

3 在"查找范围"下拉列表框中选择文件的位置，在"文件类型"下拉列表框中选择要插入文件的类型，默认为 Word 文档，在中间的列表框中选择要插入的文件，如图 3-41 所示。

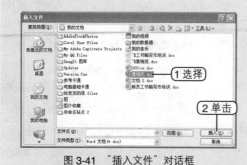

图 3-41 "插入文件"对话框

④ 单击"插入"按钮，便可插入文件内容。

3.3.7 撤消或恢复操作

打开文档进行编辑时，Word 2003 会自动记录下所有执行过的命令及操作，这种存储动作的功能可以帮助用户撤消前面执行过的操作，同时也可将撤消的操作进行恢复。

1．撤消操作

要撤消操作有如下几种方法。

方法 1：单击"常用"工具栏中的"撤消"按钮 ，可以撤消最近一次操作。

方法 2：当需要对前面多步操作进行撤消时，单击 按钮旁边的 按钮，在弹出的下拉列表框中显示了进行过的操作列表，可以拖动选择需要撤消的某一步操作，如图 3-42 所示。

图 3-42 撤消多步操作

方法 3：选择【编辑】→【撤消 ××】菜单命令，可以撤消最近刚执行的操作。

方法 4：按【Ctrl+Z】键可以撤消最近一

次的操作。

2．恢复操作

执行了撤消操作后如果需恢复被撤消的操作，有如下几种方法。

方法 1：单击"常用"工具栏中的"恢复"按钮 ，可以恢复最近一次的撤消项。

方法 2：当撤消了多步时可以连续单击 按钮进行恢复，也可单击 按钮旁边的 按钮，在弹出的下拉列表框中选择要恢复的操作项。

方法 3：选择【编辑】→【恢复 ××】菜单命令。

方法 4：按【Ctrl+Y】键可以恢复最近一次的撤消项。

3.3.8 自测练习及解题思路

1．测试题目

第 1 题 在当前文档中选择第 1 个段落。

第 2 题 选择整篇文档。

第 3 题 利用菜单命令将文档标题所在的第 1 个段落复制到文章末尾。

第 4 题 使用工具栏剪切当前已选中的文字，然后进行撤消与恢复操作。

第 5 题 利用剪贴板输入"想方设法"。

2．解题思路

第 1 题 拖动选择或在段落左侧的选择栏双击鼠标左键。

第 2 题 略。

第 3 题 先选择文本，再选择【编辑】→【复制】菜单命令，将插入点定位到文档后再选择【编辑】→【粘贴】菜单命令。

第 4 题 略。

第5题　选择【编辑】→【Office 剪贴板】　菜单命令，在任务窗格中单击"想方设法"。

3.4　使用超链接

考点分析：该考点涉及的内容比较少，也比较容易掌握。若考题要求链接到文件则需在指定位置进行选择。

学习建议：熟练掌握创建链接到文件和网页的方法，以及取消超链接的方法，对于设置超链接格式可只做了解。

3.4.1　创建超链接到文件或网页

在 Word 的默认状态下输入网址和电子邮件时将自动将其创建为超链接，用户也可以为文本建立指定的超链接，链接到指定的文件、网页和电子邮件地址，链接后的文本带有颜色和下划线，如图 3-43 所示。

```
www.baidu.com↵
edgfd2163@126.com↵
2009 工作计划↵
↵
```

图 3-43　超链接

在文档中选择要创建为超链接的文本或图形对象，然后打开"插入超链接"对话框，打开的方法有如下几种。

方法 1：单击"常用"工具栏中的"插入超链接"按钮。

方法 2：选择【插入】→【超链接】菜单命令。

方法 3：在所选对象上单击鼠标右键，在弹出的快捷菜单中选择"超链接"菜单命令。

方法 4：按【Ctrl+K】键。

打开的"插入超链接"对话框如图 3-44 所示。

图 3-44　"插入超链接"对话框

创建超链接有如下几种操作方式。

◈ 链接到文件或网页：在"链接到"列表框中单击"原有文件或网页"按钮，在右侧的"查找范围"的下拉列表框中选择要链接的文件地址，在列表框中选择要链接的文件，若要链接到网页则在"地址"框中输入网址，单击 确定 按钮创建超链接。

◈ 链接到当前文档的某个位置：在"链接到"列表框中单击"在文档中的位置"按钮，在"请选择文档中的位置"列表框中选择要链接的标题，单击 确定 按钮创建超链接，如图 3-45 所示。

图 3-45　链接到当前文档的某个位置

◈ 链接到新建文档中：在"链接到"列表框中单击"新建文档"按钮，在"新建文档名称"文本框中输入新文档的名称，单击 更改(C)... 按钮可以改变新文档的保存路径，在"何时编辑"栏中可以选择"开始编辑新文档"或"以后再编辑新文档"，单击 确定 按钮创建超链接，如图3-46所示。

图3-46　链接到新建文档

◈ 链接到电子邮件地址：在"链接到"列表框中单击"电子邮件地址"按钮，在"电子邮件地址"文本框中输入邮箱地址，或在"最近用过的电子邮件地址"列表框中选择一个地址，在"主题"文本框中输入邮件的主题，在"要显示的文字"文本框中输入链接文本，单击 确定 按钮创建超链接，如图3-47所示。

图3-47　链接到电子邮件地址

根据需要可以在创建超链接时单击 屏幕提示(P)... 按钮，输入当鼠标指针指向超链接时显示的屏幕提示内容。

3.4.2　修改和取消超链接

要修改超链接所链接的目标对象，可以

用鼠标右键单击超链接对象，在弹出的快捷菜单中选择"编辑超链接"菜单命令，如图3-48所示，便可打开"编辑超链接"对话框进行修改。

图3-48　超链接右键菜单

若要取消超链接可以在其右键菜单（参考图3-48）中选择"取消超链接"菜单命令或在"编辑超链接"对话框中单击 删除链接(R) 按钮，将其转换为普通文本。

3.4.3　设置超链接格式

如果要设置文档中所有超链接的格式，如超链接文本的颜色外观等，可以按如下操作进行。

1　在已创建了超链接并按住【Ctrl】键不放单击访问过超链接的文档中选择【格式】→【样式和格式】菜单命令，打开"样式和格式"任务窗格。

2　如果要改变超链接的颜色等外观，可以在"请选择要应用的格式"列表框中用鼠标右键单击"超链接"选项，在弹出的快捷菜单中选择"修改"菜单命令，如图3-49所示。

3　此时将打开"修改样式"对话框，单击左下角的 格式(O)▼ 按钮，在弹出的列表中选择"字体"命令，便可设置超链接文本默认的颜色及下划线样式等，如图3-50所示。

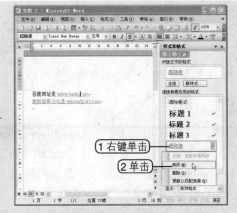

图 3-49 选择"修改"命令

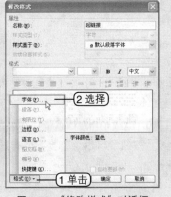

图 3-50 "修改样式"对话框

④ 如果要改变访问过的超链接的颜色等格式，可以在"请选择要应用的格式"列表框中用鼠标右键单击"已访问的超链接"选项，在弹出的快捷菜单中选择"修改"菜单命令，在打开的"修改样式"对话框中进行设置即可。

3.4.4 自测练习及解题思路

1．测试题目

第 1 题　将标题链接到"我的文档"中的"会议 .doc"。

第 2 题　取消当前超链接。

2．解题思路

第 1 题　选中标题后选择【插入】→【超链接】菜单命令，或执行右键菜单命令，在弹出的对话框中选择"原有文件或网页"，在"查找范围"下选择"我的文档"，在列表框中选择"会议 .doc"。

第 2 题　略。

3.5　查找、替换与信息检索

考点分析：查找与替换是常考内容，考题大多是要求查找文档中指定的文本或将之替换为另一文本，偶尔会涉及格式查找与替换操作，格式替换相对要难一些。

学习建议：熟练掌握查找与替换文本的方法，熟悉格式替换技巧，对于其他替换技巧和信息检索只需稍做了解。

3.5.1　使用查找

使用 Word 的查找功能可以在文档中查找任意字符，例如要在"职业技能"文档中查找"总经理"，其具体操作如下。

① 打开"职业技能"文档（光盘 :\素材\第3章），选择【编辑】→【查找】菜单命令，打开"查找和替换"对话框。

② 在"查找"选项卡的"查找内容"下拉列表框中输入查找内容"总经理"。

③ 单击 查找下一处(F) 按钮，Word 自动在文本中从插入点位置开始找到第一个查找的内容并以黑底白字呈现，如图 3-51 所示。

④ 单击 查找下一处(F) 按钮，继续查找下一处文本，查找完成后将打开一个提示对话框，提示已

完成对文档的查找，单击 ▭确定▭ 按钮关闭提示对话框，如图3-52所示。

图3-51 查找文本

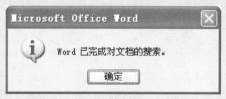

图3-52 查找结束

5 返回"查找和替换"对话框，单击 ▭取消▭ 按钮或标题栏的"关闭"按钮 ⊠，关闭该对话框。

在进行查找时可单击 ▭高级 ▾▭ 按钮显示出高级设置选项，在其中进行高级设置，如图3-53所示。

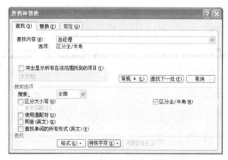

图3-53 展开高级设置选项

展开对话框后在"搜索"下拉列表框中可以选择在整个文档中进行查找、从当前插

入点向下查找，或者从当前插入点向上查找，在"搜索选项"栏中还可设置查找时是否区分大小写、区分全/半角、使用通配符等。单击 ▭常规 ▴▭ 按钮将关闭高级设置选项。

3.5.2 使用替换

使用替换功能可以将查找到的内容替换成另一内容，例如在"职业技能"文档中将"总经理"全部替换成"董事长"，具体操作如下。

1 打开"职业技能"文档（光盘:\素材\第3章），选择【编辑】→【替换】菜单命令或按【Ctrl+H】键，打开"查找和替换"对话框的"替换"选项卡。

2 在"查找内容"下拉列表框中输入查找内容"总经理"。

3 在"替换为"下拉列表框中输入替换的文本"董事长"。

4 单击 ▭查找下一处▭ 按钮将查找文本，此时单击 ▭替换▭ 按钮便可逐个替换，或有选择性地替换部分文本。

5 若要全部替换，则可单击 ▭全部替换▭ 按钮。替换完成以后，将打开一个提示对话框，提示 Word 已完成对文档的查找和替换，单击 ▭确定▭ 按钮关闭提示对话框，如图3-54所示。

图3-54 替换文本

6 单击 ▭取消▭ 按钮或标题栏的"关闭"按钮 ⊠，关闭"查找和替换"对话框。

3.5.3 替换技巧

在 Word 中除了可以使用查找与替换功能来查找与替换普通文本外，还可以将一种格式替换为另一种格式，或查找与替换特殊符号等。

1. 替换格式

如将文档中的所有格式为"宋体 五号"的文本替换为"楷体 六号"的，具体操作如下。

① 选择【编辑】·【替换】菜单命令或按【Ctrl+H】键，打开"查找和替换"对话框的"替换"选项卡。

② 在"查找内容"下拉列表框中单击定位插入点。

③ 单击 高级 ▼(M) 按钮，在展开的选项中单击 格式(O)▼ 按钮，在弹出的下拉菜单中选择"字体"命令，如图 3-55 所示。

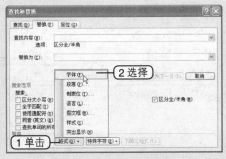

图 3-55 设置查找字体格式

④ 在打开的"字体"对话框中设置相应的字体格式，这里选择字体为"宋体"，字号为"五号"，单击 确定 按钮。

⑤ 在"替换为"下拉列表框中单击定位插入点，再用上面的方法打开"字体"对话框并设置替换后的字体格式，即选择字体为"楷体"，字号为"六号"，单击 确定 按钮。

⑥ 单击 查找下一处(F) 按钮和 替换(R) 按钮进行选择性替换，或单击 全部替换(A) 按钮进行全部替换。

2. 其他替换技巧

使用替换功能可以替换段落标记、替换空格、替换全/半角符号等，其方法分别如下。

◈ 通过段落标记删除文档中的空行：在"替换"选项卡中先清除"查找内容"和"替换为"列表框中的内容，在"查找内容"框中单击，再单击高级搜索选项栏中的 特殊字符(E)▼ 按钮，在弹出的下拉菜单中选择"段落标记"，再次执行该命令，从而输入两个段落标记，在"替换为"文本框中输入一个段落标记再进行替换。

◈ 删除文档中的空格：在"替换"选项卡中的"查找内容"框中输入一个空格，再清除"替换为"列表框中的内容，然后进行替换。

◈ 将半角符号替换全角符号：在"替换"选项卡中的"查找内容"框中输入半角符号，如","，在"替换为"列表框中输入全角符号，如"，"，再进行替换。

3.5.4 信息检索

要使用信息检索服务，一般要打开"信息检索"任务窗格，可以采用以下任一种方法操作。

◈ 在文档中选中要搜索的文本，按住【Alt】键不放单击文本。

◈ 选择【工具】→【信息检索】菜单命令。

◈ 若已打开了任务窗格，则单击右上角的 ▼ 按钮，在弹出的下拉列表中选择"信息检索"。

　　打开"信息检索"任务窗格后在"搜索"文本框中输入要搜索的文本、词组、英文单词或单词的前几个字母，然后在"翻译"栏中选择语言转换，按【Enter】键或单击"开始搜索"按钮 ▣ 便可得到相应的翻译和同义词等服务，如图 3-56 所示分别为将中文翻译为英文，及将英文翻译为中文。

图 3-56　翻译服务

操作提示

当电脑与 Internet 相连时，单击"信息检索"任务窗格下方的"获取 Office 市场上的服务"超链接，可以通过网页获取更多的服务。

3.5.5　自测练习及解题思路

1．测试题目

　　第 1 题　在当前文档中查找出所有"橙子"字符串。

　　第 2 题　在当前文档中查找"脐橙"一词。

　　第 3 题　用查找与替换功能将查找到的第一处"橙子"替换为"橘子"。

　　第 4 题　用替换功能将所有"橙子"替换为"桔子"，要求替换后的格式为四号字体、颜色为红色。

　　注：使用光盘中的"橙子.doc"文档（光盘:\素材\第1章）作为练习环境。

2．解题思路

　　第 1 题　选择【编辑】→【查找】菜单命令，输入"橙子"，连续单击 查找下一处(F) 按钮进行查找，直到不能查找，最后关闭对话框。

　　第 2 题　选择【编辑】→【查找】菜单命令，输入"脐橙"，单击 查找下一处(F) 按钮后关闭对话框。

　　第 3 题　选择【编辑】→【替换】菜单命令，在"查找内容"中输入"橙子"，在"替换为"中输入"橘子"，单击 查找下一处(F) 按钮后单击 替换(R) 按钮，关闭对话框。

　　第 4 题　选择【编辑】→【替换】菜单命令，在"查找内容"中输入"橙子"，在"替换为"中输入"桔了"，单击 高级↓(M) 按钮，单击 格式(O)▼ 按钮，将"字号"设为"四号"，"字体颜色"选红色，单击 确定 按钮再单击 全部替换(A) 按钮，关闭对话框。

3.6　校对、修订、批注和摘要

　　考点分析：这是常考的内容，对其大部分知识点都出现过命题，操作比较简单，考生只要掌握了下面讲解的方法并结合上机练习，就比较容易得分。

学习建议：熟练掌握启用拼写和语法检查、修订文档、添加批注、显示和隐藏编辑标记、查看文档统计信息等操作。

3.6.1 使用拼写和语法检查

使用 Word 的拼写和语法检查功能，可以方便地查看文档是否有拼写或语法错误。

1. 启用并设置拼写和语法选项

默认状态下 Word 可以自动检测打开的文档或输入文本的拼写和语法问题，当文本下面出现红色的波浪下划线时表示有拼写问题，文本下面显示绿色的波浪下划线时表示有语法问题，波浪线只是起提示作用，不会被打印输出。

如果要启用或关闭拼写和语法检查功能，其具体操作如下。

❶ 选择【工具】→【选项】菜单命令，打开"选项"对话框，单击"拼写和语法"选项卡。

❷ 选中或取消选中"键入时检查拼写"复选框，可打开或关闭自动拼写检查功能；选中或取消选中"键入时检查语法"复选框，可以打开或关闭自动语法检查功能，如图 3-57 所示表示启用拼写和语法检查。

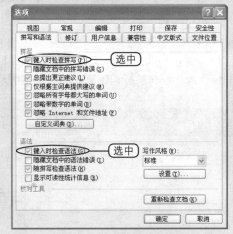

图 3-57 "拼写和语法"选项卡

❸ 单击 确定 按钮应用设置。

"拼写和语法"选项卡中的各选项含义如下。

◆ **键入时检查拼写**：表示在输入文本时将自动检查拼写，若有错误用红色波浪线标记。

◆ **隐藏文档中的拼写错误**：表示将隐藏文档中的拼写错误，即不显示红色波浪线。

◆ **总提出更正建议**：在进行拼写检查时将自动显示拼写建议列表。

◆ **仅根据主词典提供建议**：取消选中该复选框将根据主词典和自定义词典提供更正建议。

◆ **忽略所有字母都大写的单词**：选中该复选框后表示对于全部是大写的单词将不进行拼写检查。

◆ **忽略带数字的单词**：表示对包含数字的单词将不进行拼写检查。

◆ **忽略 Internet 和文件地址**：选中该复选框后表示对于网址、电子邮件地址和文件名地址将不进行拼写检查。

◆ **自定义词典(D)…**：单击该按钮可以创建、删除和更改自定义词典。

◆ **键入时检查语法**：表示在输入文本时将自动检查语法，若有错误用绿色波浪线标记。

◆ **隐藏文档中的语法错误**：表示将隐藏文档中的语法错误，即不显示绿色波浪线。

◆ **随拼写检查语法**：取消选中该复选框表示将只检查拼写错误。

◆ **显示可读性统计信息**：选中该复选框后，当选择【工具】→【拼写和语法】菜单命令时将显示文档的可读性统计信息。

◆ **写作风格**：在其下拉列表框中可以

选择"自定义"，然后单击下方的 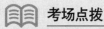 按钮，自定义语法和风格。

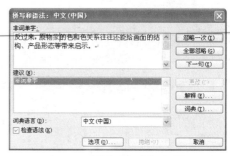

图 3-59 "拼写和语法"对话框

📖 **考场点拨**

该考点在命题时可能会只要求启用或关闭拼写检查，或只要求启用或关闭语法检查，考生要注意选中一个复选框和同时选中两个复选框的作用。

2．使用拼写和语法检查

启用拼写和语法检查功能后，将插入点定位到出现错误提示带波浪线的文本中，单击鼠标右键，将弹出一个快捷菜单。在该菜单中可以查看语法错误提示，若为拼写错误则可选择更改后的单词，也可忽略该错误、将该单词放入 Word 2003 的词典等，如图 3-58 所示。

图 3-58 语法错误和拼写错误修改建议

另外，也可以选择【工具】→【拼写和语法】菜单命令或按【F7】键，打开"拼写和语法"对话框，在上面的列表框中将列出错误句子，并将错误的地方用绿色或红色标示出来，单击确认有错误的地方并逐一进行修改，如图 3-59 所示。完成文本错误搜索后退出校对状态。

在进行拼写和语法检查时并不是所有提示都有错误，当对有错误提示的拼写和语法不作更改时，单击 忽略一次(I) 、 全部忽略(G) 、 下一句(X) 等按钮即可。

3.6.2　使用修订功能

使用修订功能可以方便地查阅文档的修改内容。

1．启用或关闭修订

启用或关闭修订功能的方法有如下几种。
方法 1：选择【工具】→【修订】菜单命令。
方法 2：选择【视图】→【工具栏】→【审阅】菜单命令，打开"审阅"工具栏，单击其中的"修订"按钮 。
方法 3：按【Ctrl+Shift+E】键。
启用修订功能后，当对文档进行编辑时所有的修改操作都将被标记出来，如图 3-60 所示。

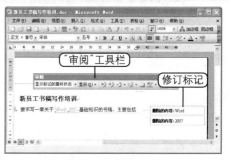

图 3-60　修订功能

📖 **考场点拨**

在启用修订文本功能时若执行菜单命令无法进行修订，则观察考试界面中是否已打开了"审阅"工具栏，若没有打开则先打开再进行修订。同时考题一般会要求执行删除、改写文本的操作。

2．接受或拒绝修订

单击文档中的修订标记或在"审阅"工具栏中单击"前一处修订或批注"按钮或"后一处修订或批注"按钮，可以选定或切换定位到修订标记中，然后通过"审阅"工具栏接受或拒绝修订，操作方法如下。

◆ 单击"审阅"工具栏中的"接受所选修订"按钮，或单击其旁边的▼按钮，在弹出的下拉列表中选择"接受对文档所作的所有修订"选项，则文档将恢复正常显示并进行修订。

◆ 单击"审阅"工具栏中的"拒绝所选修订"按钮，或单击该按钮旁边的▼按钮，在弹出的下拉列表中选择"拒绝对文档所作的所有修订"选项，则文档将恢复到修订前的状态。

3．设置修订的显示方式

设置修订的显示方式包括显示、隐藏、设置显示格式等，其方法分别如下。

◆ 选择【视图】→【标记】菜单命令可以显示或隐藏文档中的修订标记。

◆ 单击"审阅"工具栏中"显示"按钮旁边的▼按钮，在弹出的下拉列表中可以选择要显示的标记类型，如图 3-61 所示。在该列表中选择"选项"命令可以设置修订标记的颜色等格式。

图 3-61　设置要显示的修订类型

◆ 单击"审阅"工具栏中的"显示以审阅"按钮旁边的▼按钮，在弹出的下拉列表中可以选择修订标记的显示状态，包括显示标记的最终状态（在文档中显示插入的文字，修订批注框中显示删除的内容）、最终状态（接受所有修订）、显示标记的原始状态（在文档中显示删除的文字，修订批注框中显示插入的内容）和原始状态（拒绝所有修订）等。

3.6.3　添加和删除批注

为文档添加批注的具体操作如下。

1️⃣ 选中要插入批注的文本，这里选择"书稿"两字。

2️⃣ 选择【插入】→【批注】菜单命令或在"审阅"工具栏中单击"插入批注"按钮。

3️⃣ 在出现的批注框中单击并输入批注内容，如图 3-62 所示。

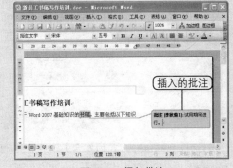

图 3-62　添加批注

若将鼠标指针指向被批注文本时将显示批注者及批注内容。在被批注文本上单击鼠标右键，在弹出的快捷菜单中选择"删除批注"菜单命令可以删除批注。也可以单击"审阅"工具栏中的"拒绝所选修订"按钮 旁边的 按钮，在弹出的下拉列表中选择"删除文档中的所有批注"命令删除所有批注。

3.6.4　比较并合并文档

当一篇文档有不同的修改稿时可以通过比较并合并文档功能进行比较与合并，其具体操作如下。

1 打开要进行比较的当前文档。

2 选择【工具】→【比较并合并文档】菜单命令，打开"比较并合并文档"对话框。

3 在对话框中选择要与当前文档进行比较的文档，单击 合并(M) 按钮右侧的 按钮，在弹出的下拉列表框中选择合并方式，如图3-63所示。各种合并方式的作用如下。

◈ 合并：合并后比较的结果将显示在选择的文档中。

◈ 合并到当前文档：合并后比较的结果将显示在当前文档中。

◈ 合并到新文档：合并后比较的结果将显示在新文档中。

图 3-63　"比较并合并文档"对话框

4 选择一种合并方式后将合并文档，同时将两者的区别用修订方式显示。

☀ **操作提示**

在合并文档时若两者之间有格式差异，将打开提示对话框，提示用户是保留原文档格式还是使用当前文档的格式。

3.6.5　显示/隐藏编辑标记

文档中的编辑标记包括段落标记、制表符、换行符、空格符、标题标记、尾注标记、分栏符、分页符和分节符等，这些标记只是表示文档中采用的格式，不会被打印输出。

如果要显示或隐藏上述编辑标记，可以单击"常用"工具栏中的"显示/隐藏编辑标记"按钮 ，也可选择【工具】→【选项】菜单命令，打开"选项"对话框，单击"视图"选项卡，在"格式标记"栏下选中或取消选中相应的复选框进行显示或隐藏，如图3-64所示。

图 3-64　"视图"选项卡

3.6.6　查看文档统计信息

文档的统计信息包括字数、页数、段落数

等，查看文档统计信息的方法有如下几种。

◈ 选择【文件】→【属性】菜单命令，在打开的对话框中单击"统计"选项卡可查看整个文档的统计信息（参考第2章）。

◈ 选择文档中需要统计的内容后选择【工具】→【字数统计】菜单命令，在打开的"字数统计"对话框中查看所选内容的统计信息，如图3-65所示。选中"包括脚注和尾注"复选框可以将脚注和尾注的字数也统计在内。若不选择统计的内容则表示查看整个文档的统计信息。

字数统计

统计信息：
页数	26
字数	15,455
字符数（不计空格）	16,409
字符数（计空格）	16,770
段落数	504
行数	1,257
非中文单词	641
中文字符和朝鲜语单词	14,814

☐ 包括脚注和尾注(F)

显示工具栏(S)　　　关闭

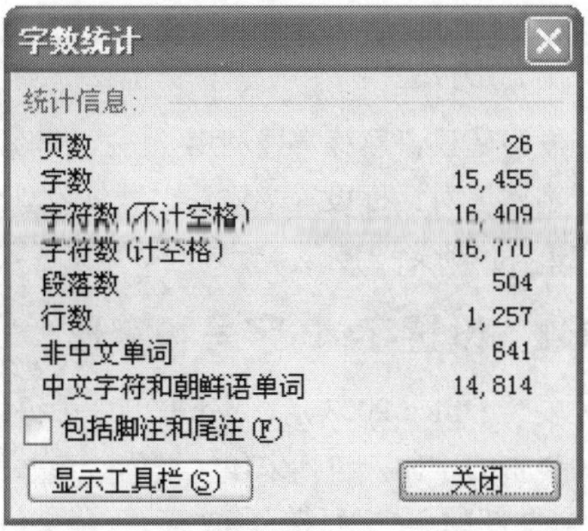

图3-65　"字数统计"对话框

◈ 选择【视图】→【工具栏】→【字数统计】菜单命令或在"字数统计"对话框中单击 显示工具栏(S) 按钮，将打开"字数统计"工具栏，单击 重新计数(C) 按钮便可对所选文本进行重新计数，并将结果显示在左侧的列表框中，如图3-66所示。

字数统计　　　　　▼ ×
59 中文字符或朝鲜语单词 ▼ 重新计数(C)

图3-66　"字数统计"工具栏

3.6.7　自测练习及解题思路

1．测试题目

第1题　在标题后添加批注，内容为"初步拟定方案"。

第2题　设置在Word中输入文字时不进行拼写和语法检查。

第3题　设置在Word中进行拼写和语法检查时忽略所有字母都大写的单词。

第4题　设置在Word中不显示出段落标记，显示出空格。

第5题　启用Word的修订功能，然后将第一个自然段删除。

第6题　在当前文档中修订文本，将第一个小标题"工作守则："改为"职员遵守的工作守则："

第7题　查看当前文档的字数。

注：使用光盘中的"公司制度.doc"文档（光盘\素材\第1章）作为练习环境。

2．解题思路

第1题　略。

第2题　选择【工具】→【选项】菜单命令，在"拼写和语法"选项卡中取消选中"键入时检查拼写"和"键入时检查语法"复选框。

第3题　选择【工具】→【选项】菜单命令，在"拼写和语法"选项卡中选中"忽略所有字母都大写的单词"复选框。

第4题　选择【工具】→【选项】菜单命令，单击"视图"选项卡，在"格式标记"栏中取消选中"段落标记"复选框，再选中"空格"复选框，单击 确定 按钮。

第5题　选择【工具】→【修订】菜单命令，选中第一段后按【Delete】键。

第6题　略。

第7题　选择【工具】→【字数统计】菜单命令，再关闭对话框。

第 4 章 ·设置字符格式·

输入并编辑文档内容后，便可根据需求对文本的字体和字号等格式进行设置。本章详细讲解了 Word 文档中字符格式的相关设置，包括字体、字号、字形、文本效果、字体颜色、下划线、字符间距、边框和底纹等字符格式的设置，最后对特殊中文版式进行了介绍，包括字符的简繁转换、拼音指南、纵横混排与字符合并等操作。学完本章后，就可以对字符进行各种修饰了。

4.1 设置字体基本格式

考点分析：该考点是每套题中常考的，有时考题比较简单，如只要求设置字体或字号，有时考题中会出现两个以上的字体设置要求，如设置字体、字号和添加效果。同时考题大部分会明确要求以工具按钮或菜单命令的方式设置字体，若没有要求则先使用工具栏进行操作，不行再打开"字体"对话框进行设置。

学习建议：熟练掌握利用"格式"工具栏和"字体"对话框设置字体、字号、字型、字体颜色、下划线、上标、下标和阴影等文字效果。

4.1.1 设置字体、字号和字形

安装 Office 2003 后，Word 2003 中提供了多种自带的字体，包括宋体、楷体、隶书、幼圆、华文新魏、华文行楷、华文彩云、华文仿宋、华文细黑、方正舒体简体和方正姚体简体等。

默认状态下，Word 正文样式中的中文字体为"宋体"，西文字体是"Times New Roman"，字号为"五号"，字形为"常规"。通过设置可以改变默认的字体、字号。可以通过"格式"工具栏和"字体"对话框两种方法进行设置，下面分别进行讲解。

方法 1：用"格式"工具栏设置。

用"格式"工具栏设置字体、字号和字形的具体操作如下。

1 选择需要设置字体的文本内容。

2 单击"格式"工具栏中的"字体"下拉

列表框 宋体 右侧的 ▾ 按钮，在弹出的下拉列表框中选择一种字体，如图4-1所示。

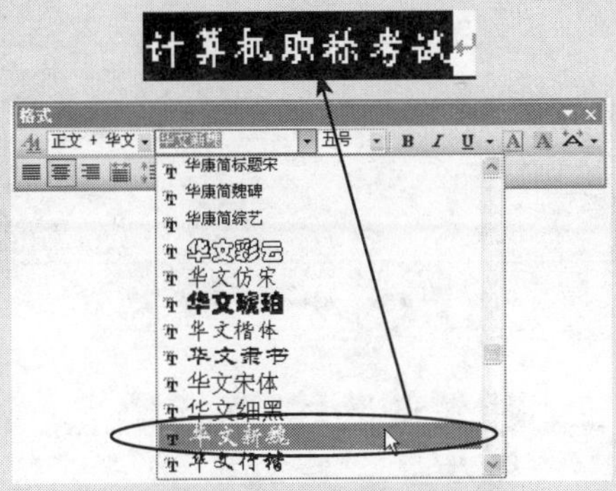

图4-1　设置文本的字体

③ 选中要设置字号的文本。

④ 单击"格式"工具栏的"字号"下拉列表框 五号 ▾ 右边的 ▾ 按钮，在弹出的下拉列表框中选择一种字号，或直接手动输入字号值，如图4-2所示。

图4-2　设置文本的字号

⑤ 选中要设置为加粗字型的文本。

⑥ 单击"格式"工具栏中的"加粗"按钮 **B** 或按【Ctrl+B】键，可以设置文本的粗体效果，如图4-3所示。

图4-3　设置文本为粗体

⑦ 选中要设置为倾斜字型的文本。

⑧ 单击"格式"工具栏中的"倾斜"按钮 *I*，或按【Ctrl+I】键，可以设置文本的斜体效果，如图4-4所示。

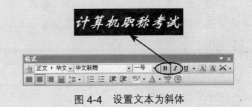

图4-4　设置文本为斜体

☀ 操作提示

一般情况下，英文字体名仅对英文字符起作用，中文字体名则对英文和汉字都起作用。另外，Word 2003支持两种字号表示方法：一种是中文标准，用一号、二号等表示，最大是初号，最小是八号；另一种是西文标准，用"5"、"5.5"等表示，最小的是"5"，数值越大，字号就越大。

方法2：用"字体"对话框设置。

选择【格式】→【字体】菜单命令，或在选择的文本上单击鼠标右键，在弹出的快捷菜单中选择"字体"菜单命令，都将打开"字体"对话框，如图4-5所示。

图4-5　"字体"对话框

如下面为"代收条"文档中第1段文字设置格式，设置其中文字体为楷体，西文字体为Arial，字型为加粗，字号为三号，具体操作如下。

1️⃣ 打开"代收条"文档（光盘：\素材\第4章），选中标题下面的文本，选择【格式】→【字体】菜单命令，如图4-6所示。

图4-6　选择【字体】菜单命令

2️⃣ 打开"字体"对话框，在"中文字体"下拉列表框中选择"楷体"选项。

3️⃣ 在"西文字体"下拉列表框中选择"Arial"选项。

4️⃣ 在"字形"下拉列表框中选择"加粗"选项。

5️⃣ 在"字号"列表框中选择"三号"选项，设置后的对话框如图4-7所示。

图4-7　设置字体

6️⃣ 单击 确定 按钮，设置后的文档效

果如图4-8所示。

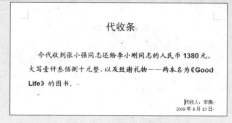

图4-8　设置后的文档

4.1.2　设置删除线、下标和空心等效果

在"字体"对话框中可以设置文本的删除线、上标、下标和空心字等特殊效果。

1．设置删除线或双删除线

为文本设置删除线或双删除线的具体操作如下。

1️⃣ 打开"征订广告"文档（光盘：\素材\第4章），选中文档中的"原价：80元/半年"文本，选择【格式】→【字体】菜单命令，如图4-9所示。

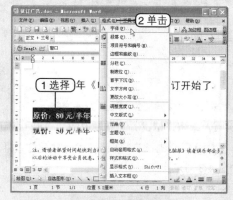

图4-9　选择【字体】菜单命令

2️⃣ 打开"字体"对话框，在"字体"选项卡中选中"效果"栏下的"删除线"复选框，单击 确定 按钮。

③ 选中文档中的"156元/年"文本，再打开"字体"对话框，选中"效果"栏下的"双删除线"复选框，如图4-10所示。

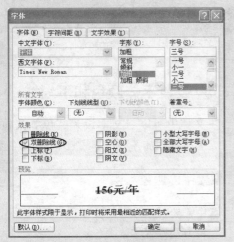

图4-10　选中【双删除线】

④ 单击 确定 按钮，设置删除线和双删除线后的文本效果如图4-11所示。

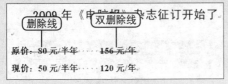

图4-11　设置文本删除线的效果

2．设置上标与下标

下面以编辑两个带有上标与下标的公式为例进行讲解。

① 在文档中输入相关文本"a2+b2 =c2"，然后选中需要设置为上标的文本"2"，打开"字体"对话框。

② 在"字体"选项卡中选中"效果"栏下的"上标"复选框，单击 确定 按钮，得到如图4-12所示的效果。

③ 用同样的方法将其他字母后的"2"设置为上标效果，如图4-13所示。

图4-12　上标效果　　　图4-13　完成后的公式

④ 在文档中输入"2H2+O2=2H2O"，选中需要设置为下标的文本"H2"中的"2"，打开"字体"对话框。

⑤ 选中"效果"栏下的"下标"复选框，再用同样的方法将其他"2"设置为下标效果，如图4-14所示。

图4-14　设置下标效果的前后对比

3．设置阴影、空心、阳文和阴文

在"字体"选项卡中的"效果"栏中还可以设置阴影、空心、阳文和阴文效果。

如要将"橙子"文档标题中的"水果类"文本添加阴影，为"橙子"文本添加空心效果，为"简"字添加阳文，为"介"字添加阴文效果，其具体操作如下。

① 打开"橙子"文档（光盘\素材\第4章），选中标题中的"水果类"，选择【格式】→【字体】菜单命令，如图4-15所示。

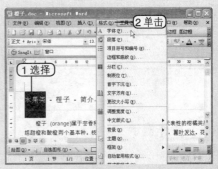

图4-15　选择【字体】菜单命令

② 打开"字体"对话框的"字体"选项卡，在"效

果"栏中选择"阴影"复选框,单击 确定 按钮,将在选中的文本下方和右侧产生阴影,效果如图4-16所示。

图4-16 设置阴影效果

[3] 选中标题中的"橙子"文本,打开"字体"对话框,在"效果"栏中选中"空心"复选框,单击 确定 按钮即可,效果如图4-17所示。

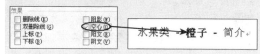

图4-17 设置空心效果

[4] 选中标题中的"简"文本,在"效果"栏中选中"阳文"复选框,单击 确定 按钮,则选中的文字被添加浮雕效果。

[5] 选中标题中的"介"文本,在"效果"栏中选中"阴文"复选框,单击 确定 按钮,则选中的文本显示为嵌入平面的效果,如图4-18所示。

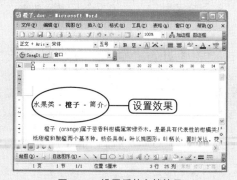

图4-18 设置后的文档效果

操作提示

当在【字体】对话框中单击【文字效果】选项卡,可以为选中的文本设置动态文本效果,但设置后只能在Word 2003中观看,打印或印刷后是看不到文本效果的。

考场点拨

考试时在设置字体前一定要先记得先选择相应的文本再进行操作(有时考试环境中已选择相应文本),操作结束后单击任意位置取消选择查看效果(有时单击若不能取消则表示操作已结束)。

4.1.3 设置字体颜色和下划线

在文档中可以将文本设为红色等其他颜色,或为文本添加各种下划线效果。

1. 设置字体颜色

选中需要设置颜色的文本后,可以采用下面任一种方法设置字体颜色。

方法1:用"格式"工具栏设置。

选择要设置字体颜色的文本后,单击"格式"工具栏中的"字体颜色"按钮▲,在弹出的面板中单击选择一种颜色,如图4-19所示。

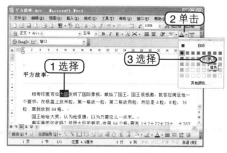

图4-19 选择颜色

如要自定义选择其他字体颜色,可以单击"格式"工具栏中的"字体颜色"按钮▲,在弹出的"字体颜色"面板中选择"其他颜色"命令,在打开的"颜色"对话框中可以选择或定义更多颜色。完成后单击 确定 按钮应用设置,如图4-20所示。

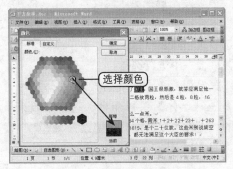

图 4-20　自定义字体颜色

方法 2：用"字体"对话框设置。

选择要设置字体颜色的文本后，选择【格式】→【字体】菜单命令，打开"字体"对话框，单击"字体颜色"右侧的 ✓ 按钮，在弹出的下列表框中选择一种字体颜色，单击 确定 按钮，如图 4-21 所示。

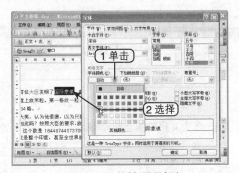

图 4-21　用对话框设置颜色

2. 设置下划线

选中需要设置下划线的文本后，可以根据需要采用下面几种方法进行操作。

方法 1：直接单击"格式"工具栏中的"下划线"按钮 **U**，添加默认的单线下划线效果。

方法 2：单击 **U** 右边的 ▾ 按钮，在弹出的下拉列表中可选择其他下划线样式或设置下划线颜色，如图 4-22 所示。

方法 3：打开"字体"对话框，在"下划线线型"下列表框中选择下划线线型，在"下划线颜色"下拉列表框中选择下划线颜色。

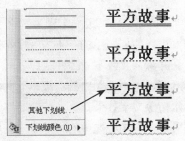

图 4-22　添加不同样式和颜色的下划线

方法 4：打开"字体"对话框，在"着重号"下列表框中选择圆点选项，可添加着重号，如图 4-23 所示。

图 4-23　设置着重号

☀ 操作提示

当用"字体"对话框设置文本格式后，如果要还原到原格式效果，可以再次打开"字体"对话框，将相应的参数取消或设为默认参数即可。

4.1.4　自测练习及解题思路

1. 测试题目

第 1 题　利用工具按钮将"平方故事"字体设为"方正舒体"，字号为"二号"。

第2题　将第一段文本加粗并倾斜。

第3题　将标题中的"故事"文本设为上标效果。

第4题　将最后一段文字设为删除线效果。

第5题　将标题中的"平方"文字颜色设为蓝色，并添加双线下划线样式。

第6题　选中标题中的"故事"并将其设置为赤水情深文字效果。

第7题　选中标题中的"故事"并将其设置为空心字。

第8题　选中标题中的"故事"并将其设置为黑体三号字。

备注：使用"平方故事.doc"（光盘:\素材\第5章）作为练习环境。

2．解题思路

第1题　略。

第2题　选择第一段文本，在"格式"工具栏中分别单击"加粗" **B**、"倾斜"按钮 *I*，或选择【格式】→【字体】菜单命令，在"字形"列表框中进行选择。

第3题　选择"故事"文本，选择【格式】→【字体】菜单命令，选中"效果"栏中的"上标"复选框，应用设置。

第4题　略。

第5题　选择"平方"文字，选择【格式】→【字体】菜单命令，在"字体颜色"中选择蓝色，在"下划线线型"中选择双线下划线，应用设置。

第6题　选择"故事"，选择【格式】→【字体】菜单命令，单击"文字效果"选项卡，选择"赤水情深"并应用设置。

第7题　略。

第8题　略。

4.2　设置字符间距

考点分析：这是常考内容，在一套题中一般会有1道题，其操作比较简单，考生只要掌握了设置方法，便可轻松拿下这类题目的分数。

学习建议：熟练掌握利用"字体"对话框设置字符缩放比例、加宽与紧缩字符和设置字符位置的操作。

4.2.1　设置字符缩放大小

所谓字符间距，就是文档中字与字之间的距离及相对位置关系。主要通过"字体"对话框的"字符间距"选项卡进行设置。

设置字符缩放大小是指将字符宽度拉伸，选中要设置的文本后按以下任一种方法进行操作。

方法1：通过"格式"工具栏设置。

下面举例说明。

❶ 打开"招商启示"文档（光盘:\素材\第4章），选中文档的第一段文本。

❷ 单击"格式"工具栏中"字符缩放"按钮 右侧的 按钮，选择一种缩放比例，如选择"80%"，如图4-24所示。

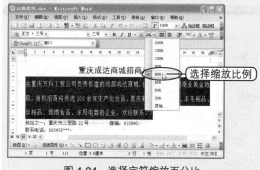

图4-24　选择字符缩放百分比

方法2：通过"字体"对话框设置。
下面举例说明。

① 选中文档中需要设置字符缩放大小的文本或段落。

② 选择【格式】→【字体】菜单命令，打开"字体"对话框。

③ 单击"字符间距"选项卡，在"缩放"下拉列表框中选择或输入缩放比例，如选择"150%"，如图4-25所示。

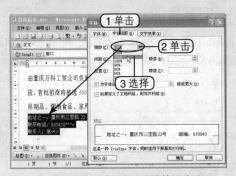

图4-25 在对话框中设置缩放百分比

④ 单击 确定 按钮应用设置。

4.2.2 加宽与紧缩字符

在"字符间距"选项卡中的"间距"下拉列表框选择"加宽"或"紧缩"，可以调整字符间距。下面将文档中的标题紧缩1磅，第1个二级标题加宽5磅，具体操作如下。

① 打开"公司制度"文档（光盘:\素材\第4章），选中文档最前面的标题文本。

② 打开"字体"对话框，在"字符间距"选项卡中的"间距"下拉列表框选择"紧缩"选项，右侧默认为1磅，单击 确定 按钮，如图4-26所示。

③ 此时原来占两行的标题将显示为一行，选择大标题下面的第1个二级小标题，在"字符

间距"选项卡中的"间距"下拉列表框选择"加宽"选项，在右侧的数值框中输入5磅，单击 确定 按钮，如图4-27所示。

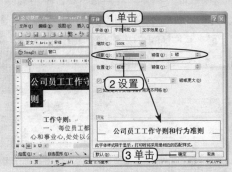

图4-26 紧缩字符

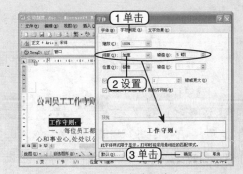

图4-27 加宽5磅

📖 **考场点拨**

考试时在设置数值框中的值时可以直接输入数值，也可以单击右侧的箭头进行调整，大多数情况下可采用直接输入。

4.2.3 提升与降低字符位置

设置文本的位置是指将选择的文本相对于文本的标准基线进行提升或降低，而文本的标准基线是指文本被选中后其黑色底纹最下端所在的水平线。下面将"生活小常识"文本中的"小"的位置降低5磅，将"常识"的位置提

升 5 磅，其具体操作如下。

1 打开"生活小常识"文档（光盘:\素材\第 4 章），选择标题中的"小"文本。

2 打开"字体"对话框，在"字符间距"选项卡的"位置"下拉列表框中选择"降低"选项，再在其右侧的"磅值"数值框中输入 5，单击 确定 按钮，如图 4-28 所示。

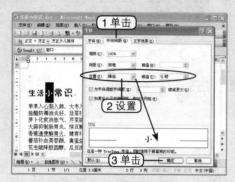

图 4-28　降低文本的位置

3 选中标题中的"常识"文本，在【字符间距】选项卡的"位置"下拉列表框中选择"提升"选项，再在其右侧的"磅值"数值框中输入 5，单击 确定 按钮，如图 4-29 所示。

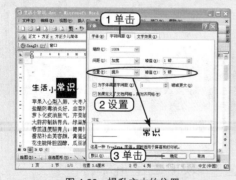

图 4-29　提升文本的位置

4.3　设置字符边框与底纹

考点分析：这同样是常考内容。需注意的是有时考题要求选择几个字符进行设置，有时

◇ 操作提示

在"字符间距"选项卡中选中"为字体调整字间距"复选框将自动按标准间距调整字符间距，选中"如果定义了文档网格，则对齐网格"复选框将匹配页面设置中的字符数，这两个选项默认为选中状态，建议不要取消，将对整个文档有效。

4.2.4　自测练习及解题思路

1．测试题目

第 1 题　将标题字符缩小到原来的 80%，字符间距加宽 6 磅。

第 2 题　将第 1 段中的"相传"字符位置提升 6 磅。

第 3 题　将所选文字放大为原来的 200%。

第 4 题　将第 1 段中的"相传"字符位置降低 3 磅。

备注：使用"平方故事 .doc"（光盘:\素材\第 5 章）作为练习环境。

2．解题思路

第 1 题　选择标题字符，选择【格式】→【字体】菜单命令，单击"字符间距"选项卡，在"缩放"下选择"80%"，在"间距"下选择"加宽"选项，将"磅值"设为 6，应用设置。

第 2 题　选择文本"相传"，选择【格式】→【字体】菜单命令，单击"字符间距"选项卡，在"位置"下选择"提升"，将其"磅值"设为 6，应用设置。

第 3 题　略。

第 4 题　略。

则是要求针对段落进行设置，两者的设置方法是完全相同的，只是选择的对象不同（第 5 章会介绍段落格式的设置方法）。

　　学习建议：熟练掌握字符边框与底纹的设置。

4.3.1　设置字符边框

　　选中需要设置边框的文本后，可以通过"格式"工具栏添加简单边框，或利用菜单命令添加自定义边框样式，下面分别进行介绍。

　　方法 1：通过"格式"工具栏设置。

　　通过工具栏按钮设置字符边框的具体操作如下。

　　① 选择要设置边框的文本，如选择"生活小常识"文档标题中的"小"文本。

　　② 单击"格式"工具栏中的"字符边框"按钮A，添加默认边框效果，如图 4-30 所示。

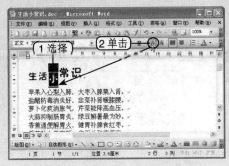

图 4-30　为字符添加默认边框

　　方法 2：通过菜单命令设置。

　　选择【格式】→【边框和底纹】菜单命令，在打开的对话框中单击"边框"选项卡，可对边框样式和颜色等进行设置。

　　① 选择"生活小常识"文档中的"萝卜化痰消胀气"文本，选择【格式】→【边框和底纹】菜单命令，在打开的对话框中单击"边框"选项卡。

　　② 在"设置"栏中选择一种边框样式，如选择"方框"选项。

　　③ 在"线型"列表框中选择一种线条样式，如选择虚线。

　　④ 在"颜色"下拉列表框中指定边框的颜色，如选择蓝色。

　　⑤ 在"宽度"下拉列表框中选择线条宽度，如选择"1 1/2 磅"选项。

　　⑥ 完成后在"预览"框中预览文本边框效果，如图 4-31 所示。

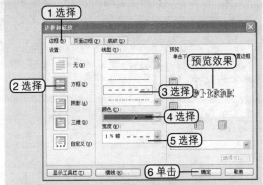

图 4-31　"边框"选项卡的设置

　　⑦ 单击 确定 按钮应用边框效果，如图 4-32 所示。

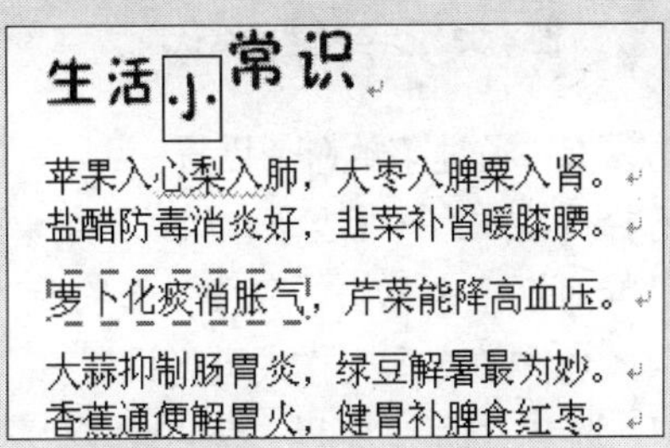

生活⎡小⎤常识
　　苹果入心梨入肺，大枣入脾粟入肾。
　　盐醋防毒消炎好，韭菜补肾暖膝腰。
　　萝卜化痰消胀气，芹菜能降高血压。
　　大蒜抑制肠胃炎，绿豆解暑最为妙。
　　香蕉通便解胃火，健胃补脾食红枣。

图 4-32　字符边框的效果

☀　**操作提示**

设置默认字符边框后只需选中文本再次单击A按钮，便可取消边框。对于自定义的边框可以打开"边框"选项卡，在"设置"栏中选择"无"。

4.3.2　设置字符底纹

　　选中需要设置底纹的文本后，可以通过

"格式"工具栏添加默认的灰色底纹，或利用菜单命令添加其他颜色底纹或带图案的底纹样式，下面分别进行介绍。

方法 1：通过"格式"工具栏设置。

通过工具栏按钮设置字符底纹的具体操作如下。

1 在前面编辑的"生活小常识"文档中，选择"芹菜能降高血压"文本。

2 单击"格式"工具栏中的"字符底纹"按钮 **A**，为其添加默认的浅灰色底纹，效果如图 4-33 所示。

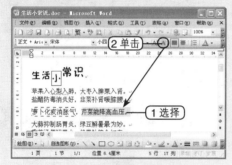

图 4-33　为字符添加默认底纹

方法 2：通过菜单命令设置。

选择【格式】→【边框和底纹】菜单命令，在打开的对话框中单击"底纹"选项卡，可以对底纹颜色和填充图案样式进行设置。

1 选中"生活小常识"文档中的"大蒜抑制肠胃炎"文本，选择【格式】→【边框和底纹】菜单命令，在打开的对话框中单击"底纹"选项卡。

2 在"填充"列表框中选择底纹的背景颜色，如橙色。

3 在"样式"下拉列表框中选择所需的图案样式，如选择"浅色竖线"。

4 在"颜色"下拉列表框中选择所需的图案颜色，如黄色。

5 完成后在"预览"框中预览文本底纹效果，如图 4-34 所示。

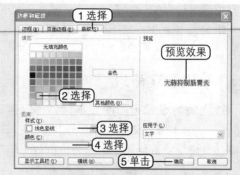

图 4-34　"底纹"选项卡的设置

6 单击 确定 按钮应用底纹效果，如图 4-35 所示。

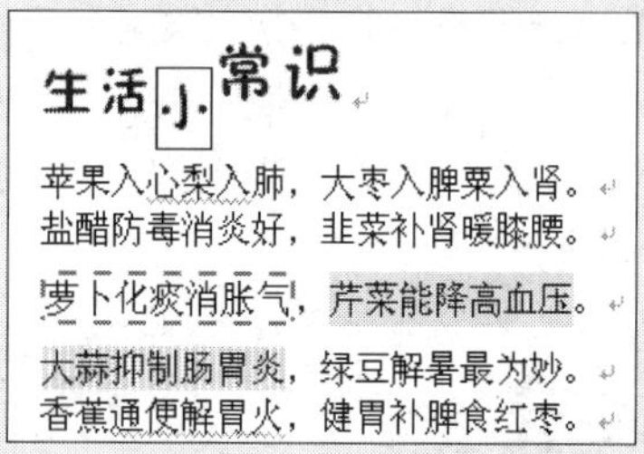

生活小常识

苹果入心梨入肺，大枣入脾粟入肾。
盐醋防毒消炎好，韭菜补肾暖膝腰。
萝卜化痰消胀气，芹菜能降高血压。
大蒜抑制肠胃炎，绿豆解暑最为妙。
香蕉通便解胃火，健胃补脾食红枣。

图 4-35　字符底纹的效果

操作提示

如果要清除已设置的底纹，只要在"底纹"选项卡中将填充颜色设为"无填充颜色"，并在"样式"下拉列表框中选择"无"。

考场点拨

若考题中明确要求了边框线粗细、线型和颜色等样式，或要求底纹的图案样式，则只能利用"边框和底纹"对话框进行操作，这也是首选的操作方法。

4.3.3　自测练习及解题思路

1. 测试题目

第 1 题　为"平方故事"字符添加橙色虚

线边框和黄色底纹效果。

第2题 为选中的文字设置边框效果,要求边框线型为虚线。

第3题 为选中的文字添加底纹效果,要求使用20%的图案样式。

备注:上述练习题中若没有指定文本,则可选择任意文本进行操作。

2.解题思路

第1题 选择"平方故事"文本,选择【格

式】→【边框和底纹】菜单命令,单击"边框"选项卡,在"设置"栏中选择"方框"选项,在"线型"列表框中选择第2种线条样式,单击"底纹"选项卡,在"填充"列表框中选择黄色,应用设置。

第2题 略。

第3题 单击"底纹"选项卡,在"图案"的"样式"下拉列表中选择20%。

4.4 设置特殊中文版式效果

考点分析:这是常考内容,每套题中出现的考题内容可能有所不同,主要集中在字符的简繁转换、英文大小写转换和添加拼音几个方面。

学习建议:熟练掌握字符的简繁转换、英文大小写转换、添加拼音、添加带圈字符效果的操作,了解纵横混排与合并字符的操作。

4.4.1 字符的简繁转换

在 Word 操作界面中选择【格式】→【中文版式】菜单命令,在其子菜单中提供了"拼音指南"、"带圈字符"等5种中文版式命令。除此之外,特殊的中文版式还包括字符的简繁转换和英文大小写转换。

如果要在简体中文和繁体中文间进行转换,选中要转换的文字后,可以按下面任一种方法进行操作。

方法1:直接单击"常用"工具栏中的"中文简繁转换"按钮繁·右侧的·按钮,在弹出的列表中选择"转换为简体中文"或"转换为繁体中文"选项,如图4-36所示。

方法2:选择【工具】→【语言】→【中

文简繁转换】菜单命令,在打开的如图4-37所示的对话框中选中相应的单选项,再单击 确定 按钮。

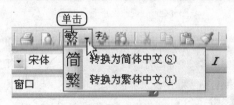

图 4-36 简繁转换

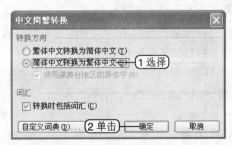

图 4-37 "中文简繁转换"对话框

4.4.2 转换英文大小写

对于文档中的英文可以在大小写之间进行转换,选择要转换的文本后,可以按下面任一种方法进行操作。

方法1：选择【格式】→【字体】菜单命令，打开"字体"对话框，在"字体"选项卡的"效果"栏中选中"小型大写字母"或"全部大写字母"复选框，单击 确定 按钮应用设置。

方法2：选择【格式】→【更改大小写】菜单命令，在打开的如图4-38所示的对话框中选中所需的转换选项，单击 确定 按钮应用设置。

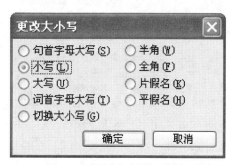

图4-38 "更改大小写"对话框

方法3：反复按【Shift+F3】键，可以在全部大写、全部小写和首字母大写之间相互转换。

4.4.3 使用拼音指南添加中文拼音

若要为中文字符添加拼音，可通过"拼音指南"命令来实现。下面为"送友人"整篇文档添加拼音，具体操作如下。

1 打开"送友人"文档（光盘:\素材\第4章），选中文档中的所有诗词文本。

2 选择【格式】→【中文版式】→【拼音指南】菜单命令，将打开"拼音指南"对话框，所选中的文本将出现在"基准文字"下方的文本框中，默认的拼音将显示在"拼音文字"下的各个文本框中，如图4-39所示。

3 在"基准文字"和"拼音文字"文本框中输入或修改内容；确认拼音无误后，在"字体"下拉列表框中设置拼音的字体，默认为"宋体"。

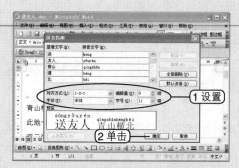

图4-39 "拼音指南"对话框

4 在"字号"下拉列表框中设置拼音的字体大小。

5 在"对齐方式"下拉列表框中选择拼音与文字的对齐方式。

6 在"偏移量"数值框中设置拼音底端与文本顶端的距离。

7 设置完成后单击 确定 按钮，效果如图4-40所示。

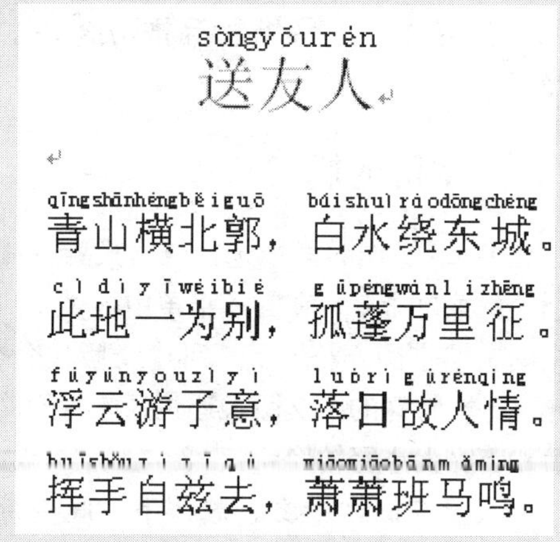

sòngyǒurén
送友人

qīngshānhéngběiguō　　bái shuǐ rào dōngchéng
青山横北郭，白水绕东城。

cǐ dì yī wéi bié　　gū péng wàn lǐ zhēng
此地一为别，孤蓬万里征。

fúyúnyóuzǐyì　　luòrì gù rénqíng
浮云游子意，落日故人情。

huī shǒu zì zī qù　　xiāoxiāobān mǎ míng
挥手自兹去，萧萧班马鸣。

图4-40 为汉字添加的拼音效果

☀ **操作提示**

在对话框中单击 全部删除(V) 按钮将删除默认的拼音，单击 默认读音(D) 按钮将给出默认的拼音。

4.4.4 添加带圈字符效果

带圈字符是指将单个的文本放置在圆形或方形框中，常用于报刊和杂志中的汉字排版。下面将"白"字制作成圆形带圈字效果，具体操作如下。

1 在前面编辑的"送友人"文档的标题下面输入文字"李白"，然后选中文本"白"。

2 选择【格式】→【中文版式】→【带圈字符】菜单命令，打开"带圈字符"对话框。

3 在"样式"栏选择一种样式，如选择"增大圈号"，如图 4-41 所示。

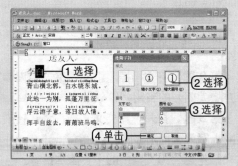

图 4-41 "带圈字符"对话框

4 在"文字"文本框中输入字符或使用选中的默认字符。

5 在"圈号"栏中选择圈样式，这里使用默认样式，单击 确定 按钮，效果如图4-42所示。

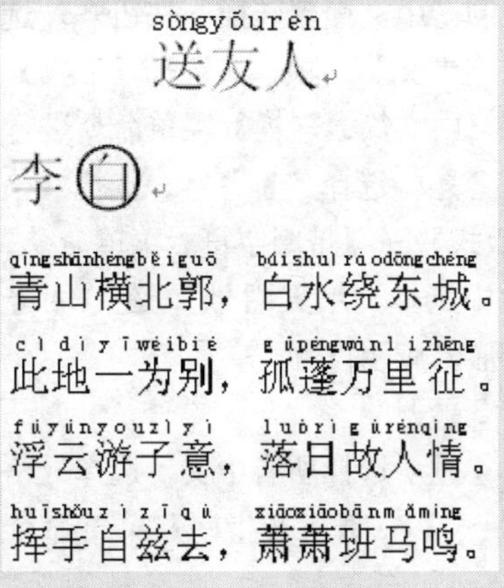

sòngyǒurén
送友人

李白

qīngshānhéngběiguō   báishuǐràodōngchéng
青山横北郭，白水绕东城。

cǐdìyīwéibié   gūpéngwànlǐzhēng
此地一为别，孤蓬万里征。

fúyúnyóuzǐyì   luòrìgùrénqíng
浮云游子意，落日故人情。

huīshǒuzìzīqù   xiāoxiāobānmǎmíng
挥手自兹去，萧萧班马鸣。

图 4-42 带圈字符效果

4.4.5 设置纵横混排与合并效果

Word 提供的纵横混排与字符合并功能可满足某些特殊排版需要。

1．纵横混排

将一行中的部分文字进行竖排的具体操作如下。

1 打开"杂志"文档（光盘\素材\第4章\），选择第4行中要竖排的"战争中的宣传"文本（文字数量不要超过一句话）。

2 选择【格式】→【中文版式】→【纵横混排】菜单命令，打开"纵横混排"对话框，如图4-43所示。

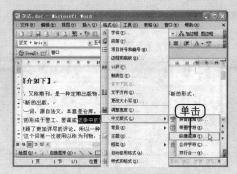

图 4-43 选择"纵横混排"命令

3 取消选中"适应行宽"复选框，使文字按正常大小竖排，如不选中该复选框则文字将被压缩，导致看不清楚，单击 确定 按钮，如图 4-44 所示。

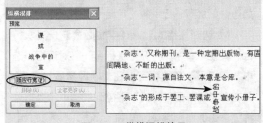

图 4-44 纵横混排效果

图 4-46 所示。

图 4-46　双行合一效果

操作提示

选择【格式】→【文字方向】菜单命令，在打开的对话框中选择一种竖排方式可竖排显示整个文档。

2．合并字符

"合并字符"命令可以在一行中分上下两排显示文字，而"双行合一"命令可以将两行文字合为一行。其具体操作如下。

1 在"杂志"文档中选择标题中要合并的"杂志简介"字符，注意不能超过 6 个汉字。

2 选择【格式】→【中文版式】→【合并字符】菜单命令，打开"合并字符"对话框。设置所需的字号和字号，单击 确定 按钮，如图 4-45 所示。

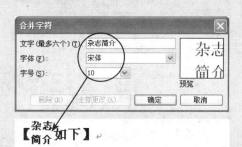

图 4-45　合并字符效果

3 在文档中选择要进行双行合并的字符，如选中正文第一行中的"定期"文字。

4 选择【格式】→【中文版式】→【双行合一】菜单命令，打开"双行合一"对话框。选中"带括号"复选框可以在文字两端添加括号，并在右侧的"括号样式"下拉列表框中选择括号样式，如选中括号，单击 确定 按钮，如

4.4.6　自测练习及解题思路

1．测试题目

第 1 题　将文档中的所有文字转换为繁体中文。

第 2 题　将文档标题中的"事"字设为菱形并增大圈号的带圈字符效果。

第 3 题　打开一篇英文文档，将其转换为英文大写效果。

第 4 题　为文档中的中文添加拼音。

备注：使用"平方故事 .doc"（光盘 :\ 素材 \ 第 5 章）作为练习环境。

2．解题思路

第 1 题　选择所有文本，单击"常用"工具栏中的"中文简繁转换"按钮繁，选择"转换为繁体中文"选项，或选择【工具】→【语言】→【中文简繁转换】菜单命令进行设置。

第 2 题　选择"事"字，选择【格式】→【中文版式】→【带圈字符】菜单命令，在"样式"栏中选择"增大圈号"，在"圈号"栏中选择菱形，应用设置。

第 3 题　略。

第 4 题　选择所有中文，选择【格式】→【中文版式】→【拼音指南】菜单命令，应用设置。

第 **5** 章 ·设置段落格式·

设置段落格式即对段落的样式进行设置，在 Word 中内置了多种样式可应用于段落、文本和图形等对象。本章介绍内置样式的使用，包括显示、应用和修改样式等，并对如何手动设置段落的对齐方式、段落缩进、间距、项目符号和编号进行讲解，最后介绍了多级列表的使用方法。学完本章后，就可以编辑出各种层次分明的文档。

5.1 使用内置段落样式

考点分析：这部分内容虽然较多，但在考试中出现的题量并不太多。这部分内容也比较难以理解，但考试时主要是考一些简单的操作，考生不需要着重理解什么是样式，有哪些具体样式，只需掌握一些基本的应用操作即可。

学习建议：熟练掌握查看样式、应用样式、设置样式快捷键、新建样式、用格式刷复制样式、修改样式和清除样式等基本操作，对其他知识可做了解。

5.1.1 有哪些常用段落样式

使用段落样式是编辑文档格式的核心内容，内置样式实际上就是一系列的段落格式组合，即包括了字体样式、段落对齐、段落缩进格式、段落行距、段中不分页等多种格式，无需用户一一进行手动设置。套用 Word 内置的段落样式可以快速地制作出规范化文档。那么在 Word 中到底有哪些常用样式呢？

Word 2003 默认提供了以下 4 种类型的内置段落样式。

◆ **标题 1**：该样式可应于大标题，如章名、文档标题名称等，具体格式为宋体、二号字体、加粗、字距调整二号、行距为 28.9 磅、段前 17 磅、段后 16.5 磅、与下段同页、段中不分页，标题级别为 1 级。

◈ 标题 2：该样式可应于大标题下面的二级标题，如节名等，具体格式为中文黑体、英文 Arial、三号字体、加粗、行距为 20.8 磅、段前 13 磅、段后 13 磅、与下段同页、段中不分页，标题级别为 2 级。

◈ 标题 3：该样式可应于二级标题下面的三级标题，具体格式为宋体、三号字体、加粗、行距为多倍行距 1.73 倍、段前 13 磅、段后 13 磅、与下段同页、段中不分页，标题级别为 3 级。

◈ 正文：该样式为默认段落样式，具体格式为中文宋体、英文 Times New Roman、五号字体、两端对齐、行距为单倍行距。

除了上述几种内置样式外，用户也可手动创建样式或使用 Word 提供的其他内置样式，以下是几种常见的样式及格式设置。

◈ 正文缩进：在内置的正文样式基础上设置段落首行缩进为 2 字符。常用于各种文档的正文段落样式。

◈ 对话框项目：常用的项目样式，可设置段落左缩进和悬挂缩进为 0.75 厘米，并采用圆点等项目符号样式，制表位 3.17 字符，字体可自定。

◈ 列表编号样式：常用的编号样式，可设置段落左缩进和悬挂缩进为 0.75 厘米，并采用"1.2.3."等编号样式，字体可自定。

◈ 表格内容：可用于表格内容的样式，可设为宋体、小五号，可自定义边框线样式，如黑色单实线。

操作提示

对于普通用户来说只需掌握样式的应用与修改等基本使用，至于各种样式的具体格式设置可以不用掌握，只有专业排版人员才需掌握，而且，不同文稿的格式要求可能不同。

5.1.2 查看和显示样式

1. 查看样式

将插入点定位于段落后在"格式"工具栏中的样式框 ⁴¹ 正文 ▾ 中显示的便是当前段落应用的样式。若要查看当前文档使用的所有样式可以按以下操作进行。

① 在文档中切换到普通视图或大纲视图。

② 选择【工具】→【选项】菜单命令，在打开的"选项"对话框中单击"视图"选项卡。

③ 在"大纲视图和普通视图选项"栏下的"样式区宽度"文本框中输入样式区宽度，如 3 厘米。

④ 单击 确定 按钮，当前文档中所用到的段落样式将显示在左侧的样式区中，如图 5-1 所示。

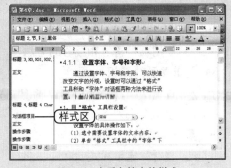

图 5-1 查看文档中的样式

2. 显示样式

若要对样式进行应用和编辑，可以通过

"样式和格式"任务窗格来完成，方法是选择【格式】→【样式和格式】菜单命令，打开"样式和格式"任务窗格，其中显示的便是当前文档中的样式，默认状态下新建的空白文档中只显示了 Word 2003 默认的 4 种样式，如图 5-2 所示。

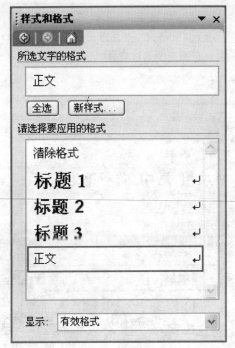

图 5-2　任务窗格

在"样式和格式"任务窗格中可以改变显示的样式列表，方法是在其下方的"显示"下拉列表框中选择一种显示方式，如图 5-3 所示，其各选项的作用如下。

◈ 有效格式：显示 Word 默认的 4 种样式及当前文档中已经使用的样式。

◈ 使用中的格式：显示当前文档中正在使用的所有样式。

◈ 有效样式：显示当前文档中的内置样式。

◈ 所有样式：显示当前文档中的所有内

置样式及自定义样式。

◈ 自定义：选择后将打开"格式设置"对话框，可以从中自定义要显示的样式。

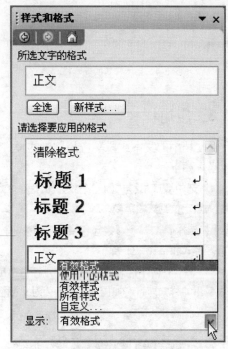

图 5-3　显示样式

显示样式后将鼠标指针指向"请选择要应用的格式"列表框中的某一样式上停留片刻，将出现一段黄底黑字的文本，该文本描述了此样式的具体内容，如图 5-4 所示。

📖 **考场点拨**

在考试时"请选择要应用的格式"列表中已显示了相关的样式，若找不到指定的样式可以选择"显示"下拉列表框中的"所有样式"进行查看。关于样式的操作基本上都与"样式和格式"任务窗格操作有关，若该窗格没有被打开，则先打开它。

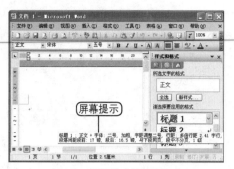

图 5-4 显示样式的提示格式

5.1.3 应用样式

对文档中的文本或段落应用创建的样式的具体操作如下。

1 选中要应用样式的一个或多个段落，或将插入点定位到该段落中。

2 选择【格式】→【样式和格式】菜单命令，打开"样式和格式"任务窗格。

3 在"请选择要应用的格式"列表框中单击要应用的样式即可，如图5-5所示为对文档标题应用"标题1"样式。

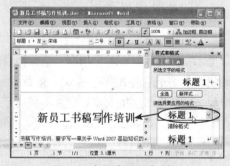

图 5-5 应用"标题1"样式

☀ **操作提示**

在"样式和格式"任务窗格中单击 新样式... 按钮，可在打开的对话框中新建一种样式。

5.1.4 设置样式快捷键

为样式设置快捷键后按相应的快捷键便可快速应用样式，如要将"标题1"样式的快捷键设为【Ctrl+1】键的具体操作如下。

1 选择【格式】→【样式和格式】菜单命令，打开"样式和格式"任务窗格。

2 在"请选择要应用的格式"列表框中指向"标题1"样式，然后单击出现于其右侧的 ✓ 按钮，在弹出的下拉列表中选择"修改"命令，如图5-6所示。

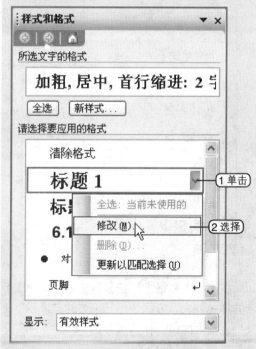

图 5-6 选择"修改"命令

3 在打开的"修改样式"对话框中单击"格式"按钮，在弹出的下拉菜单中选择"快捷键"命令，如图5-7所示。

4 打开"自定义键盘"对话框，在"请按新快捷键"文本框中单击，然后按下指定的快捷键【Ctrl+1】，如图5-8所示。

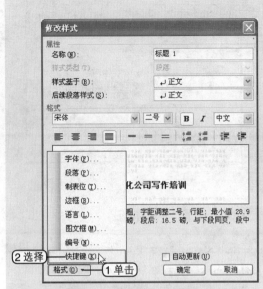

图5-7 "修改样式"对话框

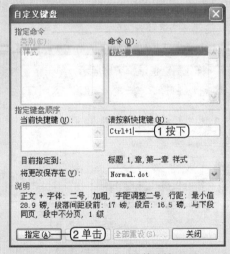

图5-8 指定样式快捷键

⑤ 在"将更改保存在"下拉列表框中可以选择快捷键的应用范围，默认为 Normal.dot，表示对整个 Normal 文档有效，也可选择仅应用于当前文档。

⑥ 单击 指定(A) 按钮，该快捷键将显示在"当前快捷键"列表框中，单击 关闭 按钮。

⑦ 返回"修改样式"对话框，单击 确定 按钮使设置生效。

5.1.5 批量修改样式

在使用样式过程中，有时需要对已应用相同样式的段落格式进行修改，此时便可通过修改样式来达到批量修改的目的。

如将"标题 2"样式的字体修改为方正大黑简体、蓝色，并添加下划线的具体操作如下。

① 打开"职业技能"文档（光盘:\素材\第5章），将插入点定位于该文档应用了"标题 2"样式的某个标题段落中。

② 打开"样式和格式"任务窗格，此时当前所用的样式会呈蓝色选框突出显示，并在"所选文字的格式"框中显示样式名称，如图 5-9 所示。

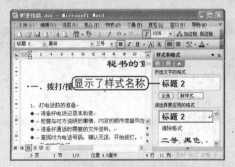

图5-9 插入点段落的样式

③ 指向"标题 2"样式，然后单击右侧出现的 ∨ 按钮，在弹出的下拉列表中选择"修改"命令。

④ 打开"修改样式"对话框对样式的格式进行修改。这里单击 格式(O)▼ 按钮，在弹出的下拉菜单中选择"字体"命令（参考图5-7），在打开的"字体"对话框中设置字体为方正大黑简体、蓝色，在"下划线线型"下拉列表框中选择横线，如图5-10所示。

图 5-10　修改样式的字体格式

⑤ 单击 确定 按钮，返回"修改样式"
对话框，选中"添加到模板"复选框表示将修改
应用到基于一同模板新建的文档中，选中"自动
更新"复选框表示当前文档中所有相同格式的段
落都将被更新，如图 5-11 所示。

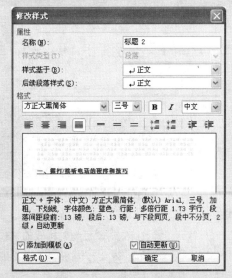

图 5-11　"修改样式"对话框

⑥ 单击 确定 按钮，此时文档中的所
有应用了"标题 2"样式的段落格式将发生变化，
效果如图 5-12 所示。

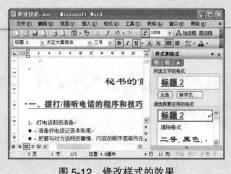

图 5-12　修改样式的效果

5.1.6　批量转换样式

在使用样式过程中，有时需要将已应用相
同样式的段落格式转换为另一种样式，如要将
上面的"职业技能"文档中的"标题 2"样式
批量转换为"标题 3"样式，其具体操作如下。

① 将插入点定位于文档中应用了"标题 2"
样式的任一个标题段落中。

② 打开"样式和格式"任务窗格，此时"标
题 2"样式呈蓝色选框突出显示，单击 全选 按钮
选择所有"标题 2"样式，如图 5-13 所示。

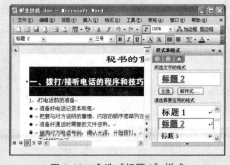

图 5-13　全选"标题 2"样式

③ 在"请选择要应用的格式"列表框中找
到并单击要转换的"标题 3"样式即可。

5.1.7　快速复制段落格式

应用样式后可通过格式刷将格式快速复制

应用到其他段落中，其具体操作如下。

1️⃣ 将插入点定位在用于提供格式的段落中。

2️⃣ 单击或双击"常用"工具栏中的"格式刷"按钮 🖌️（单击只能复制一次格式，双击可以连续复制多次），此时光标将变成格式刷形状 ⬚I。

3️⃣ 用格式刷形状的光标 ⬚I 单击或选中需要应用相同格式的段落文本，若通过双击"格式刷"按钮进行复制，结束后还需在"常用"工具栏中单击"格式刷"按钮 🖌️ 退出格式刷状态。

5.1.8　清除段落样式

应用样式后对于不需要的样式可将其清除，即取消格式，而保留文本内容不变，恢复为默认的"正文"样式。

选中要取消段落样式的文本或定位插入点，然后执行以下任一操作。

方法 1：在"样式和格式"任务窗格中单击列表框中的"清除格式"选项。

方法 2：在"样式和格式"任务窗格中重新应用"正文"样式。

方法 3：选择【编辑】→【清除】→【格式】菜单命令。

📖 **操作提示**

在"样式和格式"任务窗格的"请选择要应用的格式"列表框中相应的样式名称上单击鼠标右键，在弹出的快捷菜单中选择"删除"菜单命令，可以删除该样式，删除样式后文档中应用了该样式的所有文本将恢复到最近一次应用的样式。

5.1.9　自测练习及解题思路

1．测试题目

第 1 题　分别为文档中的第 1 个标题应用"标题 1"样式，为第 2 个和第 3 个标题应用"标题 2"样式。

第 2 题　在文档中将第 1、2 个标题段落的样式改为"正文"。

第 3 题　在文档中利用"样式和格式"任务窗格删除第一个标题段落的样式。

第 4 题　在文档中将第 1 个标题段落的样式复制给第 2 个标题段落。

第 5 题　将所有标题 2 样式改为楷体、二号字、居中。

第 6 题　将所有正文样式改为楷体、小五号字、。

第 7 题　利用"样式和格式"任务窗格显示标题"关于成功"的格式。

第 8 题　新建一个名为"特殊提示"的样式，要求将其后续段落样式为"正文"。

说明：练习题的素材为"成功.doc"（光盘：\ 素材 \ 第 5 章）。

2．解题思路

第 1 题　略
第 2 题　略
第 3 题　选择第 1 个标题段落，在"样式和格式"任务窗格列表框中选择"清除格式"。

第 4 题　将插入点定位于第 1 个标题段落中，单击"常用"工具栏中的"格式刷"按钮 🖌️，再用格式刷选中第 2 个标题段落即可。

第 5 题　选择【格式】→【样式和格式】菜单命令，在任务窗格中单击"标题 2"样式右侧的 ⌄ 按钮，在弹出的下拉列表中选择"修改"命令，打开"修改样式"对话框，设置字体和字号，并单击 ☰ 按钮，应用设置。

第 6 题　在"样式和格式"任务窗格中单击"正文"样式右侧的 ⌄ 按钮，在弹出的下拉列表中选择"修改"命令，打开"修改样式"对话框，设置字体和字号后应用设置。

第7题 在文档中选择标题"关于成功"，选择【格式】→【样式和格式】菜单命令，在"样式和格式"任务窗格该样式的名称上停留片刻便可显示其格式。

第8题 在"样式和格式"任务窗格中单击"新样式"按钮，在打开的对话框中输入新样式的名称并选择后续段落样式，将其设为"正文"。

5.2 手动调整段落格式

考点分析：几乎每套题中都会出现这方面的考题，因此考生应重点掌握其设置方法。

学习建议：熟练掌握设置段落对齐方式、设置段落缩进、设置行间距和段间距、设置边框和底纹、设置换行和分页选项等操作，对其他知识稍做了解即可。

5.2.1 设置段落对齐方式

利用样式不能完全满足文档的编辑需要，对于一些内容较少，且已设置好字符格式的文档来说，也需要手动设置段落的格式，包括段落对齐方式、缩进方式、行间距、段间距和段落选项设置等。

Word中的段落对齐是指段落相对于文档边缘的水平对齐方式，默认为两端对齐，即文本平均分布在左、右页边距之间，段落两侧边缘对齐，若最后一行内容不足一行则左对齐。此外还有居中对齐、左对齐、右对齐和分散对齐。

设置段落对齐方式的方法是先选中要设置的段落文本，然后执行以下任一种方法。

方法1：根据需要单击"常用"工具栏中的"两端对齐"按钮▉、"居中"按钮▉、"右对齐"按钮▉或者"分散对齐"按钮▉。

方法2：选择【格式】→【段落】菜单命令，打开"段落"对话框，在"对齐方式"下拉列表框中选择一种对齐方式，如图5-14所示。

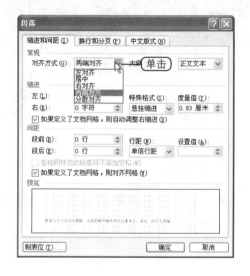

图 5-14　选择段落的对齐方式

5.2.2 设置段落缩进

段落缩进是指段落中的文本与页边距之间的距离。Word中的段落缩进方式有首行缩进、悬挂缩进、左缩进和右缩进。设置方法有如下3种。

方法1：通过"段落"对话框设置。

如要将"唐诗"文档中的所有段落设置为左缩进4个字符，并且首行缩进2字符，其具体操作如下。

1 打开"唐诗"文档（光盘:\素材\第5章），按【Ctrl+A】键选择全部段落文本。

2 选择【格式】→【段落】菜单命令，打开"段落"对话框，单击"缩进和间距"选项卡。

⑧ 在"缩进"栏的"左"数值框中输入 4 字符，在"特殊格式"下拉列表框中选择"首行缩进"选项，在右侧的"度量值"数值框中输入 2 字符，如图 5-15 所示。

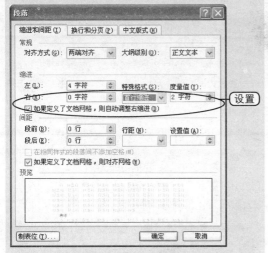

图 5-15 设置段落的缩进

④ 单击 确定 按钮应用设置，效果如图 5-16 所示。

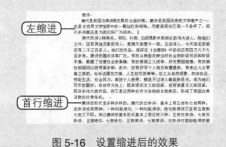

图 5-16 设置缩进后的效果

方法 2：通过水平标尺设置。

选择要设置缩进的段落后通过水平标尺可以快速设置段落的缩进方式及缩进量，水平标尺中包括首行缩进、悬挂缩进、左缩进和右缩进 4 个游标，拖动各游标到需要的位置便可设置段落缩进，如图 5-17 所示。在拖动过程中将显示数值。

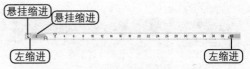

图 5-17 标尺上的缩进标记

方法 3：按【Tab】键缩进。

在段落首行前面单击定位插入点，然后连续按【Tab】键可以设置首行缩进，在段落除首行外的其他行前面单击定位插入点，再按【Tab】键可以设置整个段落的左缩进。

☀ **操作提示**

在"格式"工具栏中单击"增加缩进量"按钮 和"减少缩进量"按钮 可以设置段落的左缩进，每单击一次增加或减少一个字符距离。

5.2.3 设置行间距和段间距

设置行间距和段间距可以使文档层次分明、错落有致。

1. 设置行间距

行间距是指段落中从一行文字的底部到下一行文字底部的垂直距离，也就是行与行之间的距离，默认值为单倍行距。设置行间距的具体操作如下。

① 选择需要设置行间距的段落文本。

② 选择【格式】→【段落】菜单命令，打开"段落"对话框，单击"缩进和间距"选项卡，在"行距"下拉列表框中选择需要的选项，如图 5-18 所示。各行距选项的作用如下。

◈ **单倍行距**：行距为可容纳所在行的最大字符并附加少许额外间距。

◈ **1.5 倍行距、2 倍行距**：分别为单倍行距的 1.5 倍和 2 倍。

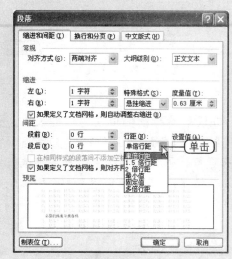

图 5-18　选择行间距

◈ **最小值：**适应该行最大字符或图形的最小行距。

◈ **固定值：**指在"设置值"数值框中输入固定行距，超出高度的部分将不能显示。

◈ **多倍行距：**按设定的百分比值进行增大或减小。

▣ 单击 ▭确定▭ 按钮使设置生效。

操作提示

在"格式"工具栏中单击"行距"按钮 ≣▾ 右侧的 ▾ 按钮，可在弹出的下拉列表中选择一种单倍行距的倍数值。

2．设置段间距

段间距是指相邻段落前后的空白距离大小，包括段前距和段后距。设置段间距的具体操作如下。

▣ 选择要进行段间距设置的段落文本。

▣ 选择【格式】→【段落】菜单命令，打开"段落"对话框，单击"缩进和间距"选项卡。

▣ 在"段前"和"段后"数值框中输入数值或单击箭头选择所需的间距值（参考图 5-18）。

▣ 单击 ▭确定▭ 按钮使设置生效。

考场点拨

在考试时要注意段落的缩进单位，有时是字符，还有可能是厘米或行。若考题中没有特殊要求，则应首先使用菜单命令打开"段落"对话框进行操作。

5.2.4　设置段落边框与底纹

可为段落设置边框和底纹效果，其设置方法与第 4 章介绍的字符边框与底纹设置方法基本相同，其具体操作如下。

▣ 选择要进行边框与底纹设置的段落。

▣ 选择【格式】→【边框和底纹】菜单命令，打开"边框和底纹"对话框，在"边框"选项卡中对边框的样式、线型、颜色和宽度等进行设置。

▣ 在"底纹"选项卡中对段落填充的颜色和图案等进行设置。

▣ 单击 ▭确定▭ 按钮应用设置。

5.2.5　设置段落换行和分页

在 Word 中当文档满一页后将自动分页显示，并会将最后一个段落分页放置，如段落的最后几行位于下页。通过设置可以控制段落的换行和分页，其具体操作如下。

▣ 选择需要进行设置的段落文本。

▣ 选择【格式】→【段落】菜单命令，打开"段落"对话框，单击"换行和分页"选项卡，如图 5-19 所示。

▣ 在"分页"栏中选中或取消选中相应的选项，再单击 ▭确定▭ 按钮使设置生效。

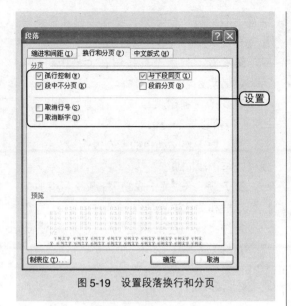

图 5-19 设置段落换行和分页

换行和分页的各选项作用如下。

◆ 孤行控制：选中该复选框后可以避免在页面顶端出现段落末行的情况，以及在页面末尾出现段落首行的情况。

◆ 与下段同页：选中该复选框后可以使段落保持在同一页上。

◆ 段中不分页：选中该复选框后可以避免所选段落中出现分页符。

◆ 段前分页：选中该复选框后若所选段落跨页则在其前面插入分页符。

◆ 取消行号：选中该复选框可避免所选段落前出现行号。

◆ 取消断字：如果单词太长而无法在行尾显示，Word 会自动将单词移动到下一行的开头而不是将其切断。选中该复选框可取消断字功能。

5.2.6　显示并调整段落格式

显示并调整段落格式的具体操作如下。

1 选择需要查看格式的段落文本或将插入点定位在段落中。

2 选择【格式】→【显示格式】菜单命令，打开"显示格式"任务窗格，如图 5-20 所示。

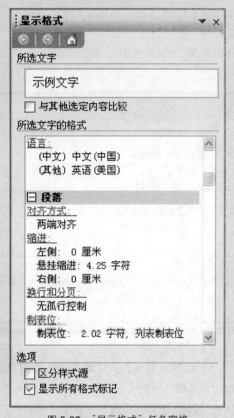

图 5-20　"显示格式"任务窗格

3 在任务窗格中显示了段落的字符和段落格式，要修改某种格式只需单击带蓝色下划线的文字链接，便可打开相应的对话框进行设置。

4 将鼠标指针指向"所选文字"列表框中将显示 按钮，单击 按钮可以选择清除格式，或者将其设置为与周围文本相同的格式。

5.2.7　比较段落文本的格式

在"显示格式"任务窗格中可以比较两个段落的格式差异，其具体操作如下。

1 将插入点定位到要比较的第 1 个段落文本中，然后打开"显示格式"任务窗格。

2 选中"与其他选定内容比较"复选框，然后将插入点定位到要比较的第2个段落中，此时将在"所选文字"下出现第2个示例框，并在其下方的列表中显示两者的差异。若无差别则显示"无格式差别"，如图5-21所示。

图5-21 比较段落文本的格式

3 此时若要使第2次选择的段落应用上一次选择的段落格式，则单击第2个示例框右侧的 按钮，选择"应用原来选定范围的格式"命令。

5.2.8 自测练习及解题思路

1. 测试题目

第1题 在文档中将"成功是一种选择一个决定"下面的前3个段落设置为"单倍行距"，段前1行，段后1行，并查看效果。

第2题 通过标尺将文档的第一个大标题设置为首行缩进两个汉字。

第3题 在文档中将"成功是一种选择一个决定"下面的所有正文段落设置为左缩进2

字符，右缩进2个字符，悬挂缩进4个字符，并查看效果。

第4题 利用工具按钮在文档中将第1、2标题段落设置为居中对齐。

第5题 利用菜单命令在文档中将第1、2标题段落设置为分散对齐。

第6题 将文档中的所有段落设为段中不分页，与下段同页。

第7题 为"关于成功"标题段落添加"方框"边框和黄色填充底纹。

备注：练习题的素材为"成功.doc"（光盘:\素材\第5章）。

2. 解题思路

第1题 选择指定的3个段落，选择【格式】→【段落】菜单命令，单击"缩进和间距"选项卡。在"行距"下选择"单倍行距"，"段前"设为"1行"，"段后"设为"1行"，设置后在空白处单击查看效果。

第2题 略。

第3题 选择段落后选择【格式】→【段落】菜单命令，单击"缩进和间距"选项卡。将"左"设为"2字符"，"右"设为"2字符"，在"特殊格式"下选择"悬挂缩进"，"度量值"为"4字符"后应用设置。

第4题 略。

第5题 略。

第6题 选择所有段落，选择【格式】→【段落】菜单命令，在打开的"段落"对话框的"换行和分页"选项卡中选择"段中不分页"和"与下段同页"复选框。

第7题 选择"关于成功"标题，选择【格式】→【边框和底纹】菜单命令，在"边框"选项卡中选择"方框"，在"底纹"选项卡中选择黄色后应用设置。

5.3 使用项目符号和编号

考点分析：该内容也是常考的，一般是要求应用自带的项目符号或编号样式，操作比较简单。但考生要注意掌握自定义项目符号和编号的样式的方法，若遇到有难度的题也可轻松得分。

学习建议：熟练掌握添加项目符号与编号，以及自定义项目符号与编号的方法。

5.3.1 添加项目符号与编号

Word 2003 具有自动添加项目符号和编号的功能。若要在输入时添加可以输入以“●”等开头的项目符号列表或以“1.”、“A.”等开头的编号列表，再按【Tab】键或空格键后输入文本，再按【Enter】键后将自动在下一段开始处插入项目符号或编号，如图 5-22 所示。

●→伸伸臂↵	1.→伸伸臂↵
●→弯弯腰↵	2.→弯弯腰↵
●→踢踢腿↵	3.→踢踢腿↵
●→蹦蹦跳↵	4.→蹦蹦跳↵

图 5-22　自动添加项目符号或编号

如果要为已有的段落添加项目符号或编号，可以先选择段落，然后采用下面的任一种方法进行操作。

方法 1：利用工具栏按钮添加。

单击“格式”工具栏上的“项目符号”按钮☰，将自动在每一段前面添加最近一次使用过的项目符号；单击“编号”按钮☰，将添加最近一次使用过的编号。

方法 2：利用菜单命令添加。

如要将文档中除标题外的所有段落添加“1)、2)”样式编号，其具体操作如下。

1 打开“打电话”文档（光盘:\素材\第 5 章），拖动选择除标题外的全部段落文本。

2 选择【格式】→【项目符号和编号】菜单命令，打开“项目符号和编号”对话框。

3 单击“编号”选项卡，在列表框中选择第 1 排的第 3 种编号样式，如图 5-23 所示。

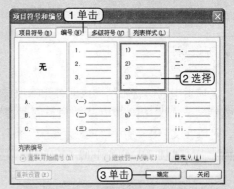

图 5-23　“编号”选项卡

4 单击 确定 按钮，添加的编号效果如图 5-24 所示。

·怎样拨打电话

1)→准备好电话记录本和笔。
2)→把要与对方说明的事情、内容的顺序简单列在记事本上，并逐一核对无遗漏。
3)→准备好通话时需要的文件资料。
4)→查阅对方电话号码，确认无误，开始拨打。
5)→拨通电话后，确认对方公司及姓名，然后热情而有礼貌的说：“你好！我是***。”
6)→如需与有关人员通话，应有礼貌地请对方传呼或转达。
7)→如告知对方的内容较复杂，应主动提醒对方做好记录
8)→逐一将事情说明，注意语言简明、准确。
9)→通话结束后，确认对方已放下话筒，然后放电话。

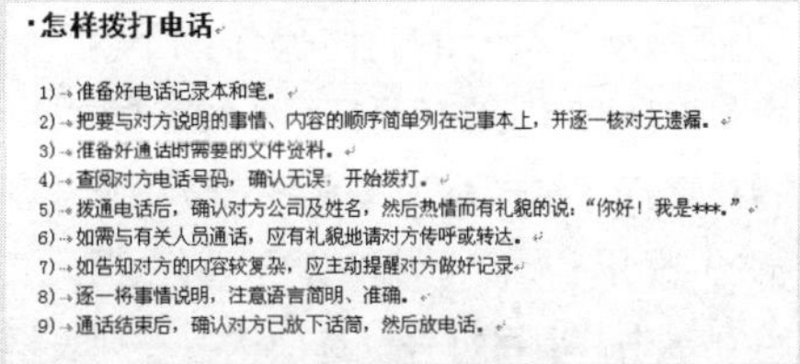

图 5-24　添加的编号

操作小结：添加项目符号或编号的方法基本一致，方法是选择【格式】→【项目符号和编号】菜单命令，打开“项目符号和编号”对话框，单击“项目符号”或“编号”选项卡，再选择一种项目符号或编号样式，单击

确定 按钮应用设置即可。

☀ **操作提示**

添加编号后若要重新开始编号或继续前面的编号，可以用鼠标右键单击要编号的段落，在弹出的快捷菜单中选择"重新开始编号"或"继续编号"命令。

5.3.2 项目符号与编号的转换

若要将项目符号转换成编号，或将编号转换成项目符号，可选择要转换的段落，然后选择【格式】→【项目符号和编号】菜单命令，打开"项目符号和编号"对话框，再重新选择需要的项目符号或编号即可。

选择带编号的段落后在"项目符号"或"编号"选项卡中选择"无"样式即可删除项目符号或编号。若只删除其中某个项目符号或编号，可以在文档中的项目符号或编号后单击定位插入点，再按【Back Space】键。

5.3.3 自定义项目符号与编号

如果 Word 自带的项目符号或编号不能满足需要，可以自定义项目符号或编号的样式、字体和缩进等。

自定义项目符号的具体操作如下。

① 选择要自定义项目符号的段落文本。

② 选择【格式】→【项目符号和编号】菜单命令，打开"项目符号和编号"对话框。

③ 单击"项目符号"选项卡，在列表框中选择任一种项目符号样式，然后单击 自定义(T)... 按钮，如图 5-25 所示。

④ 打开"自定义项目符号列表"对话框，如图 5-26 所示。在该对话框中可以进行以下设置操作，完成后单击 确定 按钮返回"项目符号和编号"对话框，再单击 确定 按钮应用设置。

图 5-25 单击"自定义"按钮

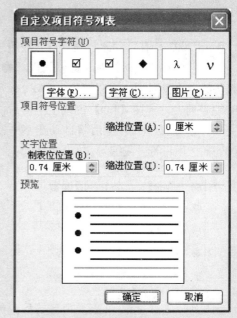

图 5-26 "自定义项目符号列表"对话框

◈ 单击 字符(C)... 按钮打开"符号"对话框，可以选择其他符号作为项目符号。

◈ 单击 字体(F)... 按钮打开"字体"对话框可以设置项目符号的颜色等字体格式。

◈ 单击 图片(P)... 按钮可以选择图片作为项目符号。

◈ 在"项目符号位置"栏的"缩进位置"

数值框中可以输入项目符号与左页边距的距离值。

◈ 在"文字位置"栏的"制表位位置"数值框中可以输入符号与文字之间的距离值,其"缩进位置"值用于设置其他行相对于首行的缩进距离值。

在"项目符号和编号"对话框中单击"编号"选项卡,选择一种编号样式后单击 自定义(T)... 按钮,打开"自定义编号列表"对话框,如图 5-27 所示。

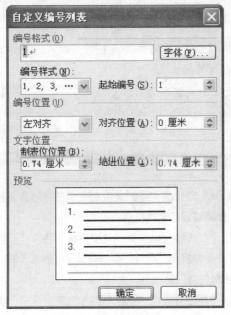

图 5-27 "自定义编号列表"对话框

在"自定义编号列表"对话框中的"编号格式"框中显示或输入要定义的编号格式,在"编号样式"下拉列表框中可以选择一种编号样式,并可设置其起始编号,在"编号位置"栏中可以设置编号在左页边距与文字的对齐方

式等。

5.3.4 自测练习及解题思路

1. 测试题目

第 1 题 为"自我分析:"下面的 3 个段落添加"▨"项目符号。

第 2 题 将"成功是一种选择一个决定"下面的前 3 个段落设置为 A.B.C.D 的编号样式。

第 3 题 将项目符号转换成编号,样式为第一排的最后一种。

第 4 题 插入 ✆ 符号作为项目符号,应用于文档中的所有段落。

第 5 题 自定义"甲、乙、丙"的编号样式,编号对齐方式为居中对齐。

备注:练习题的素材为"成功.doc"(光盘:\素材\第5章)。

2. 解题思路

第 1 题 选择段落后选择【格式】→【项目符号和编号】菜单命令,单击"项目符号"选项卡,选择后应用设置。

第 2 题 略。

第 3 题 略。

第 4 题 选择所有段落,选择【格式】→【项目符号和编号】菜单命令,选择任一种项目符号后单击 自定义(T)... 按钮,再单击 字符(C)... 按钮插入所要求的符号作为项目符号。

第 5 题 选择【格式】→【项目符号和编号】菜单命令,单击"编号"选项卡,选择任一种编号后单击"自定义",在打开的对话框中选择编号样式和对齐方式。

5.4 使用多级列表

考点分析:该节内容不是考试重点,但考题有时会要求利用大纲工具栏修改正文的标题级别，而对其他知识点则很少出现命题。

学习建议：熟练掌握大纲工具栏的使用方法，对其他知识点只需稍做了解。

5.4.1 更改正文的级别

多级列表可以将编号的层次关系进行多级缩进排列，如一个列表下还包含下一级列表，而下级列表中又包含子列表时，就需要用到多级列表，级别越低其缩进量就越大。

Word 将段落文本的层次分为 9 个级别，下级与上级分别依次缩进两个字符，如图 5-28 所示。

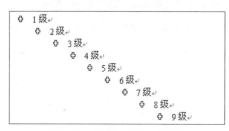

图 5-28　段落文本的 9 个级别

选择【视图】→【大纲】菜单命令，进入大纲视图，在其中可以调整正文文本的级别，其方法有如下几种。

◈ 将插入点定位在要调整列表层次的段落中，然后单击"大纲"工具栏中的"级别"下拉列表 正文文本 ▾，在弹出的下拉列表框中选择一种标题级别，便可改变插入点的段落层次，插入点下面的所有段落将缩进两个字符，如图 5-29 所示为将第 2 段设为标题 3 级别。

◈ 单击 ➡ 按钮可以将插入点所在段落提升一级，单击 ➡ 按钮可以将插入点所在段落降低一级。

◈ 单击 ⬆ 按钮可以将插入点所在行上移一个顺序，单击 ⬇ 按钮可以将之下移一个顺序。

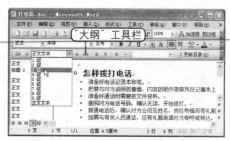

图 5-29　设置段落的大纲级别

◈ 单击 ➕ 按钮可以展开当前级别，显示出下面的低级别文本，单击 ➖ 按钮可以依次折叠级别。

如果要在页面视图中改变标题级别，可以按【Shift+Tab】组合键进行升级，按【Tab】键进行降级。

5.4.2 使用多级符号

使用多级符号能以符号的形式区分不同级别的标题及文本段落，使用多级符号的具体操作如下。

1 定位插入点到要使用多级符号的位置或选择要设置的文本段落。

2 选择【格式】→【项目符号和编号】菜单命令，打开"项目符号和编号"对话框，单击"多级符号"选项卡。

3 在列表框中选择一种多级符号样式，其第 1 行一般用于非标题的段落，第 2 行用于标题样式级别，如这里单击第 2 行的第 2 种，如图 5-30 所示。

4 单击 确定 按钮，此时文档中的插入点出现"1.1 →"的列表样式，输入列表文本，如图 5-31 所示。

5 按【Enter】键，在下一段将自动插入"1.2 →"多级列表，此时单击"格式"工具栏中的"增加缩进量"按钮 ，将使其降低一个标题级别，即变为"1.1.1 →"多级列表，此时可输入相关的同级列表文本，如图 5-32 所示。

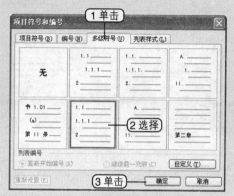

图 5-30　选择多级符号样式

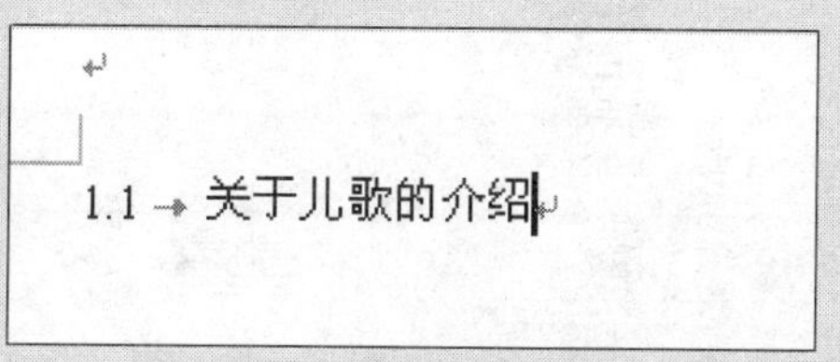

图 5-31　在多级符号后输入文本

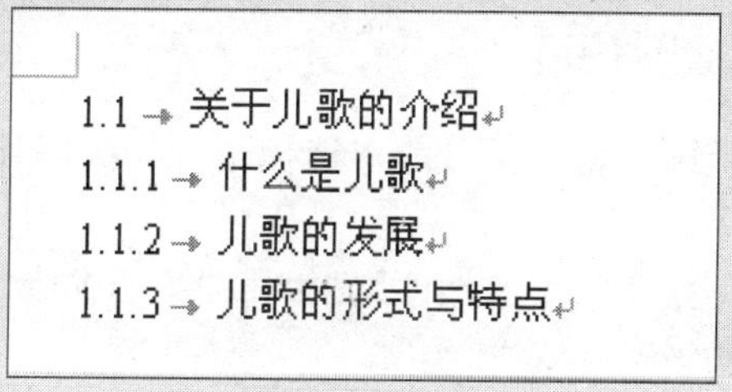

1.1 → 关于儿歌的介绍↵
1.1.1 → 什么是儿歌↵
1.1.2 → 儿歌的发展↵
1.1.3 → 儿歌的形式与特点↵

图 5-32　降低一级列表后输入文本

⑥ 按【Enter】键，在下一段开始将自动插入"1.1.4 →"多级列表，此时单击"格式"工具栏中的"减少缩进量"按钮，将使其提升一个标题级别，即变为"1.2 →"多级列表，输入相关的列表文本。

⑦ 用同样的方法便可输入所需的多级列表，如图 5-33 所示。在输入过程中可以通过单击 和 按钮调整标题级别即可。

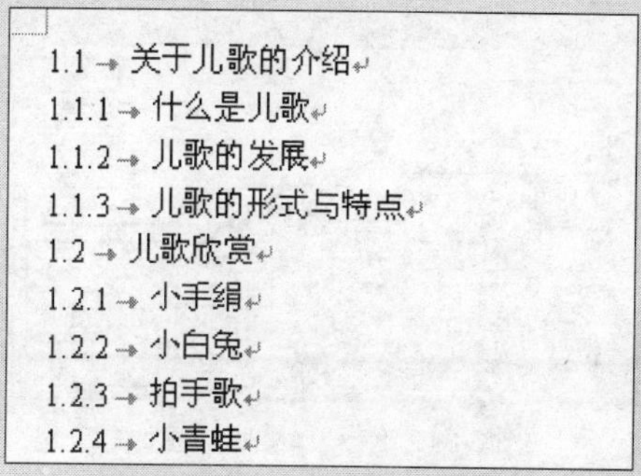

1.1 → 关于儿歌的介绍↵
1.1.1 → 什么是儿歌↵
1.1.2 → 儿歌的发展↵
1.1.3 → 儿歌的形式与特点↵
1.2 → 儿歌欣赏↵
1.2.1 → 小手绢↵
1.2.2 → 小白兔↵
1.2.3 → 拍手歌↵
1.2.4 → 小青蛙↵

图 5-33　输入的多级符号列表文本

5.4.3　使用多级图片项目符号

在多级列表中除了使用编号作为项目符号外，也可以使用多级图片项目符号，达到强调效果，如 @、◈、❋ 等图片项目符号样式。

下面将为上面输入的多级列表文本应用图片项目符号，具体操作如下。

① 打开"儿歌"文档（光盘:\素材\第5章），选择所有多级列表。

② 选择【格式】→【项目符号和编号】菜单命令，打开"项目符号和编号"对话框。

③ 单击"多级符号"选项卡，单击 自定义(T)... 按钮（若输入带图片符号的多级列表则在该选项卡中选择一种多级符号样式后再单击该按钮）。

④ 打开"自定义多级符号列表"对话框，在"级别"列表框中选择需设置的级别（如"2"），在"编号格式"文本框中显示了对应的编号格式，单击"编号样式"下拉列表，在其下拉列表框中便可选择一种项目符号作为列表编号格式，若该列表中没有合适的图片，则选择"新图片"命令，如图 5-34 所示。

⑤ 打开"图片项目符号"对话框，选择一种图片项目符号，这里选择第 1 种，单击 确定 按钮，如图 5-35 所示。

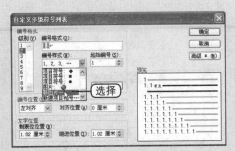

自定义多级符号列表
选择

图 5-34　选择“新图片”命令

图片项目符号
搜索文字：
搜索
选择
导入(I)...
确定
取消

图 5-35　“图片项目符号”对话框

6 返回“自定义多级符号列表”对话框，在右下角的“预览”框中查看效果，在“级别”列表框中设置下一个级别，如选择“3”，在“编号样式”下拉列表中选择“新图片”命令，如图 5-36 所示。

7 打开“图片项目符号”对话框，选择一种图片项目符号，如选择第一列的第 4 种，单击 确定 按钮。

8 依次单击 确定 按钮确认设置，应用图片项目符号后的效果如图 5-37 所示。

自定义多级符号列表
选择

图 5-36　修改级别 3 的列表样式

关于儿歌的介绍
什么是儿歌
儿歌的发展
儿歌的形式与特点
儿歌欣赏
小手绢
小白兔
拍手歌
小青蛙

图 5-37　图片项目符号效果

5.4.4　自测练习及解题思路

1．测试题目

第 1 题　将当前文档标题升一级后再降一级。

第 2 题　在大纲视图中将“关于成功”标题的级别设为“1 级”。

2．解题思路

第 1 题　选择【视图】→【大纲】菜单命令，在“大纲”工具栏中分别单击和按钮。

第 2 题　将插入点定位在“关于成功”段落中，在“大纲”工具栏的“级别”下拉列表中选择“1 级”。

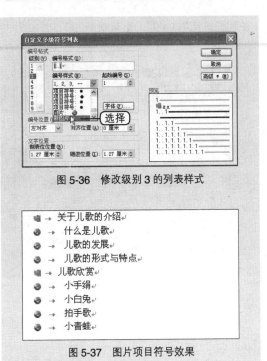

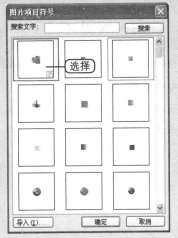

第 **6** 章 ▸设置页面格式◂

设置页面格式又称为调整版面布局，它是继完成字符格式和段落格式设置之后的又一重要内容。本章详细讲解了设置页边距、设置纸张大小和方向、设置页面版式、设置页面边框、使用分隔符划分文档、对文档进行分栏、用框架划分文档、添加页眉和页脚、设置首页不同或奇偶页不同的页眉和页脚、引用章节号和标题、设置页眉或页脚的大小、设置主题、设置背景以及设置水印等。

6.1 页面设置

考点分析：页面设置是常考的内容，其中以设置页边距、页面方向和页面大小的考查几率最高。考题大多是只要求对某一项进行设置，但有时也会要求设置若干项，如设置页面大小和页面方向。由于页面设置都是在"页面设置"对话框中实现的，因此考生要熟悉该对话框的操作。

学习建议：熟练掌握页面设置的各种操作。

6.1.1 设置页边距

文档版面中文字与页面上、下、左、右的空白距离便是页边距的大小。设置页边距的具体操作如下。

1 选择【文件】→【页面设置】菜单命令，打开"页面设置"对话框，单击"页边距"选项卡，如图 6-1 所示。

图 6-1 "页面设置"对话框

2 在"页边距"栏中显示的便是当前文档的页边距值，分别在"上"、"下"、"左"、"右"4个数值框中输入需要的页边距数值，如分别输入3厘米、3厘米、4厘米、4厘米。

3 根据需要可以在"装订线"数值框中输入装订线距页边界的距离值，并在右侧的"装订线位置"下拉列表框中选择装订线位置是在左侧还是上方，如图6-2所示。

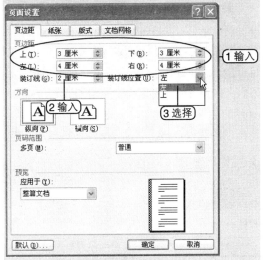

图 6-2　设置装订线及其位置

4 在"应用于"下拉列表框中可以选择设置的有效范围，默认为对整篇文档所有页面有效，也可设置只对本节或插入点之后的页面有效。

5 设置后在对话框右下角可以预览设置效果，单击 确定 按钮即可应用设置。

考场点拨

考题可能只要求设置其中某一边或某两边的页边距，也可能要求加大和减小页边距（需在现有页边距的基础上进行换算），因此考生要注意看清考题。考题有时也会将页边距设置与装订线设置一起考查。

6.1.2　设置纸张方向

Word 文档默认的纸张方向是纵向，根据需要还可设置为横向显示，设置后并不会影响文档中的文字方向。设置纸张方向的具体操作如下。

1 选择【文件】→【页面设置】菜单命令，打开"页面设置"对话框，单击"页边距"选项卡。

2 在"方向"栏中单击"纵向"或"横向"图标，便可改变页面纸张的方向，如图6-3所示。

3 单击 确定 按钮应用设置。

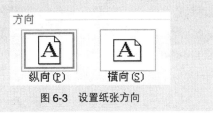

图 6-3　设置纸张方向

6.1.3　设置纸张大小

Word 默认的纸张大小为 A4，即宽 21 厘米，高 29.7 厘米，根据需要可通过"页面设置"对话框中的"纸张"选项卡选择其他纸张大小或自定义纸张大小，具体操作如下。

1 选择【文件】→【页面设置】菜单命令，打开"页面设置"对话框。

2 单击"纸张"选项卡，在"纸张大小"栏中可以查看当前的纸张大小设置。

3 单击"纸张大小"栏下的 按钮，在弹出的下拉列表框中可以选择需要使用的纸张大小，如选择"16 开（18.4×26 厘米）"选项，此时下方的"宽度"和"高度"数值框中将自动显示相应的值，如图6-4所示。

4 如果要自定义页面的宽度和高度，可以在"纸张大小"下拉列表框中选择"自定义"选项，然后在下方的"宽度"和"高度"数值框中输入需要的值即可。

⑤ 单击 确定 按钮应用设置。

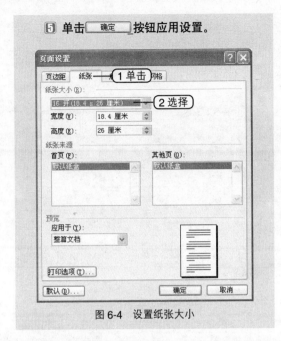

图 6-4 设置纸张大小

6.1.4 设置页面版式

在"页面设置"对话框中单击"版式"选项卡，如图 6-5 所示，可以对页面的页眉和页脚位置、页面垂直对齐方式、节的起始位置以及行号和边框等进行设置。

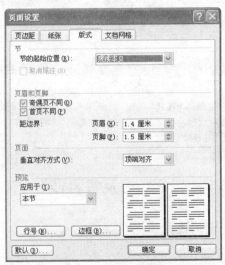

图 6-5 "版式"选项卡

其各选项的作用如下。

◇ 在"节的起始位置"下拉列表框中可以选择开始新节的位置，包括新建栏、新建页等，一般保持默认设置即可。

◇ 选中"奇偶页不同"或"首页不同"复选框，可以创建奇偶页不同或首页不同的页眉和页脚效果（具体操作参见 6.3.2 小节）。

◇ 在"距边界"栏的"页眉"和"页脚"数值框中可以设置页眉和页脚在整个版面中所占的位置（具体操作参见 6.3.4 小节）。

◇ 在"页面"栏的"垂直对齐方式"下拉列表框中可以设置页面内容在上下页边距间的垂直对齐方式，其中有"顶端对齐"、"居中"、"两端对齐"和"低端对齐" 4 种方式可以选择。

◇ 在"应用于"下拉列表框中可以选择设置的有效范围。

◇ 单击 行号(N)... 按钮，将打开"行号"对话框，选中"添加行号"复选框，再设置起始编号，如图 6-6 所示，单击 确定 按钮，即以行为单位为文档添加序号，效果如图 6-7 所示。

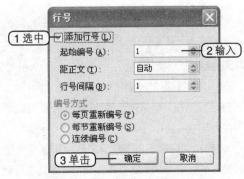

图 6-6 "行号"对话框

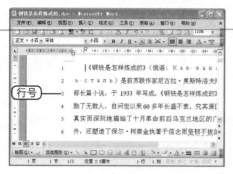

图 6-7　添加的行号效果

◈ 单击 边框(B)... 按钮，将打开"边框和底纹"对话框，可以对整个页面设置边框，（具体操作参见 6.1.5 小节）。

6.1.5　设置页面边框

设置页面边框是指为整篇文档的页面添加边框，可通过"边框和底纹"对话框实现。其具体操作如下。

① 执行以下任一种操作，打开"边框和底纹"对话框。

◈ 选择【文件】→【页面设置】菜单命令，打开"页面设置"对话框，单击"版式"选项卡，再单击 边框(B)... 按钮。

◈ 选择【格式】→【边框和底纹】菜单命令，打开"边框和底纹"对话框，单击"页面边框"选项卡。

② 在"设置"栏中单击选择一种边框样式，也可直接在"艺术型"下拉列表框中选择一种艺术型边框。

③ 在"线型"列表框中选择边框线型样式，在"颜色"下拉列表框中选择边框颜色，在"宽度"下拉列表框中选择线型的粗细，如图 6-8 所示。

④ 在"应用于"下拉列表框中可以选择边框的应用范围，一般使用默认的"整篇文档"选项即可。

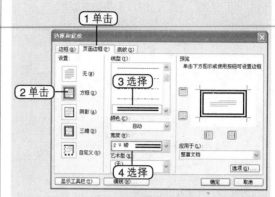

图 6-8　设置页面边框

⑤ 单击 确定 按钮，添加的页面边框效果如图 6-9 所示。

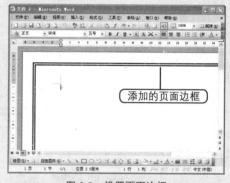

图 6-9　设置页面边框

☀ **操作提示**

如果要添加或删除某一边上的边框线，可以在"设置"栏中选择"自定义"，然后在"预览"栏下单击相应的位置按钮。

6.1.6　自测练习及解题思路

1．测试题目

第1题　将文档的左右边距设置为2厘米。

第2题　将文档所使用的纸张大小设置为

"32开"。

第3题 为文档添加"三维"样式的页面边框。

第4题 将文档的页面边框设置为3磅单线、阴影样式。

第5题 将左页边距加大1厘米，并在左侧设置1厘米宽的装订线。

第6题 将页面方向设置为横向。

第7题 为文档添加行号，起始编号为3。

备注：使用"个人工作总结.doc"（光盘:\素材\第6章）作为练习环境。

2．解题思路

第1题 选择【文件】→【页面设置】菜单命令，打开"页面设置"对话框，单击"页边距"选项卡，分别在"左"、"右"数值框中将数字改为2，单击 ▭ 确定 ▭ 按钮。

第2题 略。

第3题 选择【文件】→【页面设置】菜单命令，打开"页面设置"对话框，单击"版式"选项卡，再单击 边框(B)… 按钮，在打开的对话框中的"设置"栏中选择"三维"样式后单击 ▭ 确定 ▭ 按钮。

第4题 略。

第5题 操作思路与第1题的类似，但需将"左"设为4.17厘米，在"装订线"数值框中输入1，在右侧的"装订线位置"下拉列表框中选择"左"。

第6题 略。

第7题 选择【文件】→【页面设置】菜单命令，单击"版式"选项卡，单击 行号(N)… 按钮，打开"行号"对话框，选中"添加行号"复选框，设置起始编号为3，单击 ▭ 确定 ▭ 按钮。

6.2 划分文档

考点分析：这是常考内容，考查方式较简单，一般要求在文档中的指定位置插入各种分隔符以及对文档中指定的内容进行分栏操作。

学习建议：熟练掌握插入分隔符和对文档进行分栏的操作方法，对于使用框架划分文档只需了解即可。

6.2.1 使用分隔符

分隔符包括分页符、分节符、换行符和分栏符，下面讲解常用的分页符、分节符和换行符的使用方法。

1．插入分页符

当Word文档内容超过一页时会自动分页，若内容未满一页时需要分页，可以插入人工分页符。下面以在"个人工作总结"文档中的第1页第2段末尾插入一个分页符为例进行讲解。

1 打开"个人工作总结"文档（光盘:\素材\第6章），将鼠标光标定位到第2段落末尾，如图6-10所示。

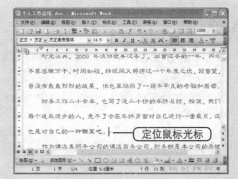

图6-10 定位鼠标光标

Ⓑ 选择【插入】→【分隔符】菜单命令，打开"分隔符"对话框，选中"分页符"单选项，如图 6-11 所示。

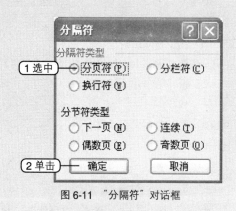

图 6-11 "分隔符"对话框

Ⓒ 单击 确定 按钮，即可在该处插入一个人工分页符，如图 6-12 所示，而插入点后面的内容将显示到下一页。

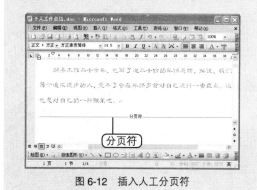

图 6-12 插入人工分页符

操作提示

分页符等分隔符只能在普通视图和页面视图中始终显示，若没有显示可以单击"常用"工具栏中的 按钮将其显示出来。

2. 插入分节符

Word 默认是将整篇文档划分为一个

节，同一节中的页面格式将保持一致，若需要在同一篇文档中设置不同的页面格式，则可以插入分节符。在"分隔符"对话框的"分节符类型"栏中有以下 4 种不同类型的分节符。

◈ 选中"下一页"单选项，新节将从下一页开始。

◈ 选中"连续"单选项，新节将从当前页开始。

◈ 选中"奇数页"单选项，新节将从奇数页开始。

◈ 选中"偶数页"单选项，新节将从偶数页开始。

下面在"个人工作总结"文档中的第 3 段末尾插入一个分节符，类型为奇数页，其具体操作如下。

Ⓐ 打开"个人工作总结"文档（光盘:\素材\第 6 章），将鼠标光标定位到第 3 段末尾。

Ⓑ 选择【插入】→【分隔符】菜单命令，打开"分隔符"对话框，选中"奇数页"单选项，如图 6-13 所示。

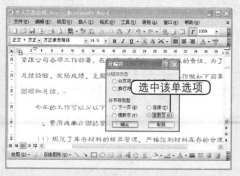

图 6-13 选择分节符类型

Ⓒ 单击 确定 按钮插入分节符，此时在鼠标光标位置将插入一个奇数页分节符，该分节符后的内容将划分至下一个奇数页，如图 6-14 所示。

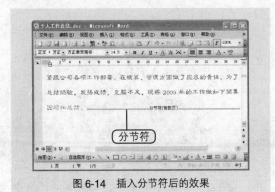

图 6-14　插入分节符后的效果

操作小结：插入分隔符的一般方法为先切换到普通视图或页面视图，将鼠标光标定位到要插入的位置，选择【插入】→【分隔符】菜单命令，打开"分隔符"对话框，选中所需的单选项，单击 确定 按钮。

3. 插入换行符

换行符的作用是将同一段落中的内容分行显示，而分行后的内容仍属于该段落，插入换行符有如下两种方法。

方法 1：单击定位要插入的位置，按【Shift+Enter】组合键，插入换行符后的效果如图 6-15 所示。

方法 2 选择【插入】→【分隔符】菜单命令，打开"分隔符"对话框，选中"换行符"单选项，单击 确定 按钮。

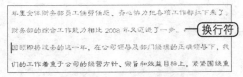

图 6-15　插入换行符后的效果

4. 删除分隔符

要删除分隔符需要先切换到页面视图或普通视图，选中要删除的分隔符，按【Delete】键或选择【编辑】→【清除】→【内容】菜单

命令即可，如图 6-16 所示。

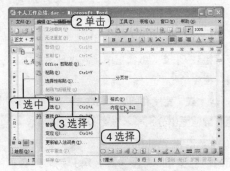

图 6-16　删除分隔符

6.2.2　分栏文档

对文本内容进行分栏需要先切换到页面视图，然后可以按照以下任一种方法进行操作。

方法 1：利用工具按钮分栏。

选择要进行分栏的文本，单击"常用"工具栏中的"分栏"按钮，在弹出的列表框中拖动鼠标到所需的栏数即可。

方法 2：利用菜单命令分栏。

利用"分栏"菜单命令可以自定义分栏的数量和栏宽等。下面以将"日记"文档中的文本分为两栏并为其设置宽度和间距为例进行讲解。

1 打开"日记"文档（光盘:\素材\第 6 章），拖动鼠标选中除最后一个段落标记之外的所有文本，如图 6-17 所示。

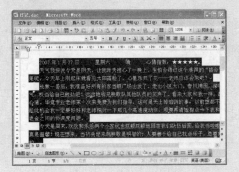

图 6-17　选中所有文本

2 选择【格式】→【分栏】菜单命令，打开“分栏”对话框。

3 在“预设”栏中单击需要的分栏样式，或直接在“栏数”数值框中输入栏数，这里在“预设”栏中单击“两栏”样式。

4 在“宽度和间距”栏中的“宽度”和“间距”数值框中分别输入栏宽和栏间距值。

5 若需要各栏不等宽，则需取消选中下面的“栏宽相等”复选框，再分别输入各栏的宽度。这里选中“栏宽相等”复选框，表示栏宽相同。

6 若需要在各分栏间添加垂直分隔线，则选中“分隔线”复选框。

7 在“应用于”下拉列表框中选择分栏的有效范围，一般选择“所选文字”选项，设置后的对话框如图 6-18 所示。

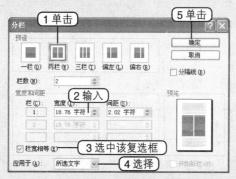

图 6-18 设置分栏格式

8 单击 确定 按钮，效果如图 6-19 所示。

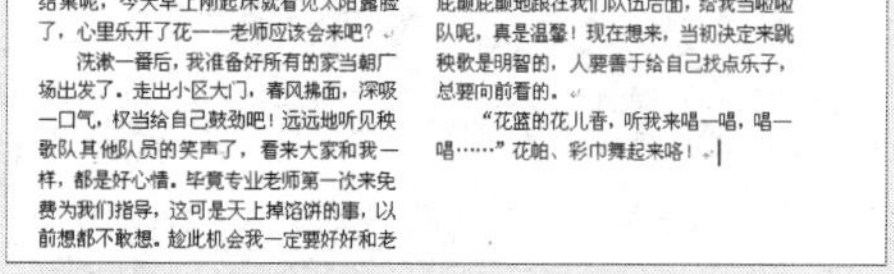

2007 年 1 月 27 日 星期六 晴 心情指数：★★★★★

天气预报说今天是阴天，让我昨天担心了一晚上，生怕会错过这个难得的“盛会”。结果呢，今天早上刚起床就看见太阳露脸了，心里乐开了花——老师应该会来吧？

洗漱一番后，我准备好所有的家当朝广场出发了。走出小区大门，春风拂面，深吸一口气，权当给自己鼓劲吧！远远地听见秧歌队其他队员的笑声了，看来大家和我一样，都是好心情。毕竟专业老师第一次来免费为我们指导，这可是天上掉馅饼的事，以前想都不敢想。趁此机会我一定要好好和老师探讨一下那几个高难度动作，顺便再请她指点一下我和老陈、老金之间的协调度问题。

今天是周末，欢欢和乐乐两个小家伙也屁颠屁颠地跟在我们队伍后面，给我当啦啦队呢，真是温馨！现在想来，当初决定来跳秧歌是明智的，人要善于给自己找点乐子，总要向前看的。

“花篮的花儿香，听我来唱一唱，唱一唱……”花帕、彩巾舞起来咯！

图 6-19 分栏后的效果

> **操作提示**
>
> 若要将少于一页的文本分成高度相同的两栏，则在选择这些文本时不要选中最后一个段落标记。

6.2.3 用框架划分文档

使用框架划分文档的作用是将文档划分成几个子窗口，从而使每个子窗口都独立成几个文档，这样可以在整个长篇文档中使用链接任意跳转，使浏览更为简便。

下面将“投标书”文档制作成框架结构的网页。

1 将“投标书”文档（光盘:\素材\第 6 章）放置到一个新建文件夹中，再打开该文档，选择【格式】→【框架】→【框架集中的目录】菜单命令，此时 Word 将分别显示目录与内容，如图 6-20 所示。

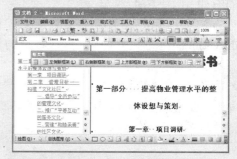

图 6-20 显示框架集

2 在左侧框架中单击定位插入点，按【Ctrl+A】组合键选择全部标题文字，执行复制操作后，新建一篇文档，将其采用无格式文本粘贴到新文档中，然后保存文档为“投标书标题”以备用。

3 返回进入框架集目录的投标书文档，将鼠标光标定位到右侧框架中，选择【格式】→【框架】→【框架属性】菜单命令。

4 打开“框架属性”对话框，单击 浏览(R)...

按钮，如图 6-21 所示。

图 6-21 "框架属性"对话框

⑤ 在打开的"打开"对话框中选择前面保存的"投标书标题"文档，单击 打开(O) 按钮回到"框架属性"对话框。

⑥ 此时"链接到文件"复选框将被选中，在其下方的"名称"下拉列表框中输入框架名称，这里输入"大纲"，如图 6-22 所示。

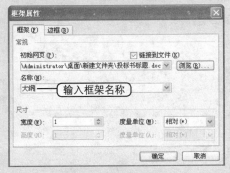

图 6-22 设置框架属性

⑦ 单击 确定 按钮，关闭"框架属性"对话框。

⑧ 选择【文件】→【另存为】菜单命令，在打开的"另存为"对话框中保持文档的默认保存位置（即前面步骤 1 中创建的新文件夹），输入文件名，在"保存类型"下拉列表框中选择"网页"选项，如图 6-23 所示，单击 保存(S) 按钮。

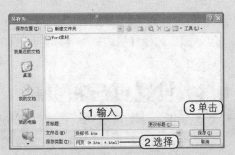

图 6-23 保存框架

⑨ 双击保存后的框架文件即可进行查看，效果如图 6-24 所示。单击左侧框架中的目录，将跳转到相应的内容进行显示。

图 6-24 查看框架

6.2.4 自测练习及解题思路

1. 测试题目

第 1 题 在光标处插入一个分页符。

第 2 题 在光标处插入一个分节符，类型为"连续"。

第 3 题 将选中的文字分成三栏，并添加分隔线。

备注：可以打开任意文档进行练习。

2. 解题思路

第 1 题 略。

第 2 题 选择【插入】→【分隔符】菜单

命令，打开"分隔符"对话框，选中"连续"单选项后单击 确定 按钮。

第3题　选择【格式】→【分栏】菜单命令，打开"分栏"对话框，在"栏数"数值框中输入"3"，选中"分隔线"复选框，单击 确定 按钮。

6.3　设置页眉和页脚

考点分析：设置页眉和页脚对于部分初学者来说比较难于掌握，但它也是常考的知识点，考查内容主要集中在为文档添加指定内容的页眉或页脚、在页眉或页脚中添加页码，以及设置奇偶页不同或首页不同的页眉和页脚。

学习建议：熟练掌握"考点分析"中提到的知识点，对于其他知识点可做相应了解。

6.3.1　添加页眉和页脚

要添加页眉和页脚，需要先选择【视图】→【页眉和页脚】菜单命令，此时将进入页眉页脚编辑状态，并出现如图6-25所示的"页眉和页脚"工具栏。

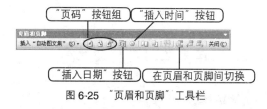

图6-25　"页眉和页脚"工具栏

进入页眉和页脚编辑状态后可手动输入文本和插入图片等，也可利用"页眉和页脚"工具栏实现插入操作，其各主要按钮的作用如下。

◈ 单击"插入自动图文集"按钮可以直接插入已有词条。

◈ 单击"页码"按钮组中的按钮 可以在页眉和页脚中分别插入页码、页数并设置页码格式。

◈ 单击"插入日期"按钮 可在页眉和页脚中插入日期。

◈ 单击"插入时间"按钮 可在页眉和页脚中插入时间。

◈ 单击"在页眉和页脚间切换"按钮 可在页眉或页脚间切换。

下面在"个人工作总结"文档中添加页眉，内容为"2009年"，在页脚左边插入页码并将页码格式设置为"I，II，III，…"，其具体操作如下。

1 打开"个人工作总结"文档（光盘:\素材\第6章），选择【视图】→【页眉和页脚】菜单命令，进入页眉页脚编辑状态。

2 在页眉框中单击输入文本"2009年"，添加的页眉效果如图6-26所示。

图6-26　添加页眉内容

3 单击"页眉和页脚"工具栏中的"在页眉和页脚间切换"按钮 ，切换到页脚编辑状态。

4 在页脚框中单击，然后单击"插入页码"按钮 插入页码，此时页码默认为阿拉伯数字编号，如图6-27所示。

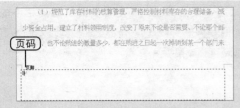

图 6-27 插入页码

⑤ 单击"设置页码格式"按钮，打开"页码格式"对话框，在"数字格式"下拉列表框中选择"Ⅰ, Ⅱ, Ⅲ, …"选项，如图 6-28 所示。

图 6-28 设置页码格式

⑥ 单击 确定 按钮，再单击"页眉和页脚"工具栏中的关闭ⓒ 按钮，退出页眉和页脚的编辑状态，设置页码格式后的页脚效果如图 6-29 所示。

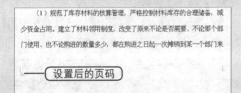

图 6-29 设置页码格式后的效果

☀ **操作提示**

在页眉页脚编加状态下插入页码也可利用菜单命令来实现，其方法在第 3 章已有介绍。考试时若要求插入页码则可先考虑使用菜单命令插入，若不行再尝试进入页眉和页脚编辑状态后再插入。

6.3.2 设置首页不同或奇偶页不同

页眉和页脚可以设置成为首页不同和奇偶页不同两种类型。

1．设置首页不同的页眉或页脚

为文档设置首页不同的页眉或页脚的具体操作如下。

① 打开需要设置的文档，选择【文件】→【页面设置】菜单命令，打开"页面设置"对话框。

② 单击"版式"选项卡，选中"页眉和页脚"栏下的"首页不同"复选框，在"应用于"下拉列表框中一般选择"整篇文档"选项（若文档含有多个节则选择"本节"），单击 确定 按钮，如图 6-30 所示。

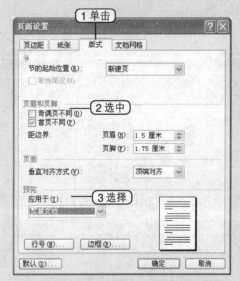

图 6-30 设置首页不同的页眉和页脚

③ 选择【视图】→【页眉和页脚】菜单命令，激活页眉和页脚的编辑状态，输入并编辑首页眉和页脚的内容。

④ 完成后拖动滚动条到第 2 页，输入和编辑后续页的页眉或页脚内容。

⑤ 最后单击"页眉和页脚"工具栏中的
关闭(C) 按钮，便可创建首页不同而其他页具有相同的页眉和页脚效果。

2. 设置奇偶页不同的页眉或页脚

设置奇偶页不同的页眉或页脚的具体操作如下。

① 打开需要设置的文档，选择【文件】→【页面设置】菜单命令，打开"页面设置"对话框。

② 单击"版式"选项卡，选中"页眉和页脚"栏下的"奇偶页不同"复选框，在"应用于"下拉列表框中选择"整篇文档"选项，单击 确定 按钮，如图6-31所示。

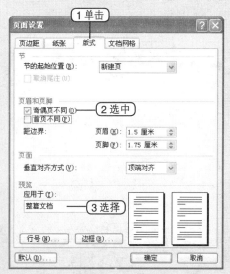

图6-31　设置奇偶页不同的页眉和页脚

③ 选择【视图】→【页眉和页脚】菜单命令，激活页眉和页脚的编辑状态，页眉左上角将出现"奇数页页眉"的提示，输入并编辑奇数页页眉和页脚的内容。

④ 切换到下一页，其左上角将出现"偶数页页眉"的提示，输入并编辑偶数页页眉和页脚的内容。

⑤ 最后单击"页眉和页脚"工具栏中的
关闭(C) 按钮，便可创建奇数页和偶数页不同的页眉和页脚效果。

 操作提示

"首页不同"复选框和"奇偶页不同"复选框可以同时选中。另外，单击"页眉和页脚"工具栏中的
按钮，可以在前一项和后一项页眉或页脚编辑状态间切换。

6.3.3　引用章节号和标题

在页眉和页脚中可以插入文档中的章节号和标题，不过前提是该文档中的各级标题必须使用内置的标题样式，且该文档已经按章分割成"节"的形式。下面在"个人工作总结"文档中的页眉中引用章节号和标题。

① 打开"投标书"文档（光盘:\素材\第6章），拖动鼠标选择文档中第一部分的文本，选择【视图】→【页眉和页脚】菜单命令，激活页眉和页脚的编辑状态。

② 选择【插入】→【引用】→【交叉引用】菜单命令，打开"交叉引用"对话框。

③ 在"引用类型"下拉列表框中选择"标题"选项，在"引用哪一个标题"列表框中选择"第一部分 提高物业管理水平的整体设想与策划"选项，在"引用内容"下拉列表框中选择"标题文字"选项，取消选中"插入为超链接"复选框，如图6-32所示。

④ 单击 插入(I) 按钮，此时可以看见页眉中已经引用了第一部分的标题，单击"页眉和页脚"工具栏中的 关闭(C) 按钮返回文档，效果如图6-33所示。

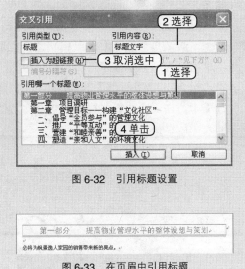

图 6-32　引用标题设置

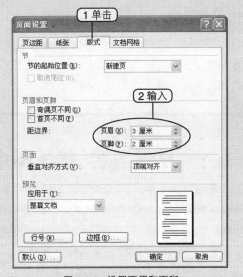

图 6-33　在页眉中引用标题

和 "2"，如图 6-34 所示。

图 6-34　设置页眉和页脚

❸ 单击 [确定] 按钮，即可查看到页眉和页脚的位置已经发生了变化。

☀ **操作提示**

如果文档划分了多个节（插入分节符），可以为每个节引用不同的章节号和标题。

6.3.4　设置页眉或页脚的大小

设置页眉或页脚的大小具体是指调整页眉或页脚到页面顶部或底部的距离，下面在 "求职信" 文档中调整页眉距边界的大小为 3 厘米，页脚距边界的大小为 2 厘米。

❶ 打开 "求职信" 文档（光盘 \ 素材 \ 第6 章），执行以下任一种操作打开 "页面设置" 对话框。

方法 1：选择【视图】→【页眉和页脚】菜单命令，激活页眉和页脚的编辑状态，单击 "页眉和页脚" 工具栏中的 "页面设置" 按钮 。

方法 2：选择【视图】→【页眉和页脚】菜单命令。

❷ 单击 "版式" 选项卡，在 "页眉和页脚" 栏中的 "页眉" 和 "页脚" 数值框中分别输入 "3"

☀ **操作提示**

如果要手动调整页眉或页脚距边界的位置，可以先进入页眉和页脚编辑状态，然后在垂直标尺上拖动调整 "上边距" 和 "下边距" 的位置。

6.3.5　自测练习及解题思路

1．测试题目

第 1 题　为文档添加首页不同的页眉和页脚。

第 2 题　为文档添加奇偶页不同的页眉和页脚。

第 3 题　为文档添加页眉，内容为 "科学技术"。

第 4 题　将文档的页眉设置为距边界 2 厘米。

备注：可以打开任意文档进行练习。

2．解题思路

第1题　选择【文件】→【页面设置】菜单命令，打开"页面设置"对话框，单击"版式"选项卡，在"页眉和页脚"栏中选中"首页不同"复选框，应用设置。

第2题　略。

第3题　选择【视图】→【页眉和页脚】菜单命令，激活页眉和页脚的编辑状态，在页眉框中单击输入"科学技术"。

第4题　在"页面设置"对话框中单击"版式"选项卡，在"距边界"栏的"页眉"数值框中输入2后单击 确定 按钮。

6.4　设置主题、背景和水印

考点分析：本节内容是考试大纲中要求熟悉和了解的内容，根据历年考题来看这方面的命题较少，有些套题中可能会有1～2道题，主要集中在设置背景和水印这两个考点上。

学习建议：掌握背景和水印的设置方法，了解主题的设置方法。

6.4.1　设置主题

主题包括了文档中各种文档格式的设计方案，如段落样式、标题样式、正文样式、表格边框、背景色等，使用主题可以快速、轻松地创建文档格式。下面以对"求职信"文档应用"长青树"主题为例进行讲解。

① 在"求职信"文档中选择【格式】→【主题】菜单命令，打开"主题"对话框。

② 在"主题"对话框左侧的"请选择主题"列表框中列出了默认的多种主题，这里选择"长青树"选项，此时在对话框右侧将出现该主题的预览图像，如图6-35所示。

③ 单击 确定 按钮应用该主题，文档效果如图6-36所示。

🔆 **操作提示**

如果要将选择的主题应用于所有新建的文档，只需单击"主题"对话框中的 设置默认值(D)... 按钮，在打开的提示对话框中单击 是(Y) 按钮即可。

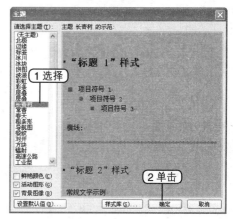

图 6-35　选择主题类型

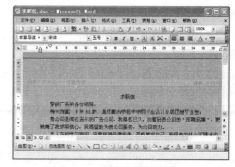

图 6-36　设置主题后的效果

6.4.2　设置背景

设置文档背景即设置文档纸张的颜色，在Word中可以设置单色背景和设置渐变、纹理等填充效果的背景。

1. 设置单色背景

为文档设置单色背景的方法为选择【格式】→【背景】菜单命令，在弹出的子菜单中的颜色选择区域选择需要的颜色即可，如图6-37所示。

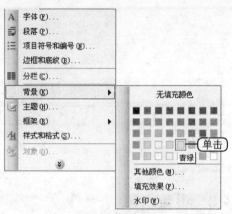

图 6-37　选择单色背景

如果在预设颜色中没有需要的颜色，可以选择【格式】→【背景】→【其他颜色】菜单命令，打开如图6-38所示的"颜色"对话框，可以自行调配需要的颜色。

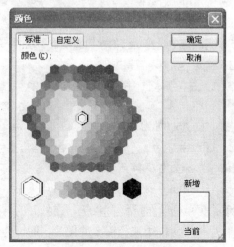

图 6-38　"颜色"对话框

2. 设置渐变、纹理等填充背景

选择【格式】→【背景】→【填充效果】菜单命令，打开"填充效果"对话框，单击相应的选项卡可以为文档设置渐变、纹理、图案和图片4种填充背景。

◆ 单击"渐变"选项卡，如图6-39所示，选中"单色"单选项出现可设置单色填充；选中"双色"单选项可设置双色填充；选中"预设"单选项则可选择系统预设的渐变填充方案。

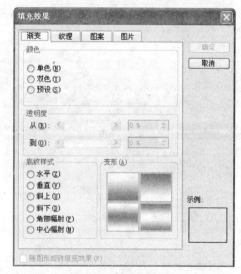

图 6-39　"渐变"选项卡

◆ 单击"纹理"选项卡，如图6-40所示，选择"纹理"列表框中的方案，单击 确定 按钮即可为文档设置纹理填充背景。

◆ 单击"图案"选项卡，如图6-41所示，单击选择"图案"列表框中的方案，并选择图案的前景与背景颜色，单击 确定 按钮即可为文档设置图案填充背景。

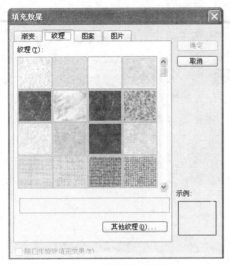

图 6-40 "纹理"选项卡

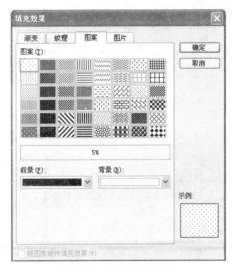

图 6-41 "图案"选项卡

◈ 单击"图片"选项卡，如图 6-42 所示，
单击 选择图片(P)... 按钮，在打开的对话
框中选择需要作为背景的图片，返回
"填充效果"对话框，单击 确定 按
钮即可将该图片作为页面背景。

图 6-42 "图片"选项卡

6.4.3　设置水印

水印即嵌入页面背景的半透明文字和图案
效果，下面以为"海报"文档设置文字水印"精
彩不容错过"为例进行讲解。

1 打开"海报"文档(光盘:\素材\第6章)，
选择【格式】→【背景】→【水印】菜单命令，
打开"水印"对话框。

2 选中"文字水印"单选项，在"文字"
下拉列表框中选择自带的水印文字或手动输入，
这里输入"精彩不容错过"。

3 在"字体"下拉列表框中选择字体为"黑
体"选项，在"颜色"下拉列表框中选择文字颜
色为"红色"，如图 6-43 所示。

4 单击 确定 按钮，即可在文档中添加
水印，效果如图 6-44 所示。

在"水印"对话框若选中"图片水印"单
选项，再单击 选择图片(P)... 按钮，在打开的"插
入图片"对话框中选择需要的图片，即可为文
档添加图片水印。

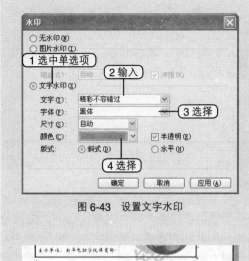

图 6-43　设置文字水印

图 6-44　添加的水印效果

6.4.4　自测练习及解题思路

1．测试题目

　　第 1 题　为文档设置主题为"飞碟"。

　　第 2 题　为文档设置颜色为蓝色的填充背景。

　　第 3 题　为文档设置图案为"竖虚线"的图案填充背景。

　　第 4 题　为文档添加"求职信"文字水印。

　　备注：上述练习可以打开"求职信 .doc"（光盘 :\素材\第 6 章）后的环境为例。

2．解题思路

　　第 1 题　选择【格式】→【主题】菜单命令，打开"主题"对话框，在"请选择主题"列表框中选择"飞碟"选项，单击 确定 按钮。

　　第 2 题　选择【格式】→【背景】菜单命令，在打开的颜色选择框中选择"蓝色"选项即可。

　　第 3 题　选择【格式】→【背景】→【填充效果】菜单命令，打开"填充效果"对话框，单击"图案"选项卡，在"图案"列表框中选择"竖虚线"选项，单击 确定 按钮。

　　第 4 题　选择【格式】→【背景】→【水印】菜单命令，打开"水印"对话框，选中"文字水印"单选项，在下方的"文字"下拉列表框中输入"求职信"，单击 确定 按钮。

第 **7** 章 ▸使用表格◂

在 Word 中表格的作用是将数据、文字或者图片进行罗列，以便进行直观地比较。本章详细讲解了表格的插入与编辑方法，包括插入表格，绘制和擦除表格线，自动套用格式，制作表头，为单元格添加项目符号，选择对象，添加和删除表格单元，自动调整行宽和列宽，合并和拆分单元格，表格排序，设置表格的边框和底纹，设置单元格内容的格式，以及设置表格属性等。

7.1 创建表格

考点分析：插入表格、制作斜线表头和自动套用表格格式是常考的内容。另外，为单元格添加项目符号也是会考到。

学习建议：熟练掌握"考点分析"中提到的知识点，并熟悉绘制和擦除表格线，以及表格和文本的相互转换操作。

7.1.1 插入表格

下面以在空白文档中插入一个 5 列 4 行的表格为例讲解插入表格的方法。

1 新建一篇空白 Word 文档，将鼠标光标定位到文档中，选择【表格】→【插入】→【表格】菜单命令，如图 7-1 所示。

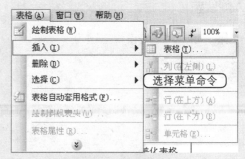

图 7-1 选择菜单命令

2 在打开的"插入表格"对话框中的"列数"数值框中输入列数"5"，在"行数"数值框中输入行数"4"，如图 7-2 所示。在"'自动调整'操作"栏中有 3 个单选项，其作用如下。

◈ 选中"固定列宽"单选项，此时需要在右侧的数值框中指定列宽；如果在数值框中默认"自动"，则其效果与选择"根据窗口调整表格"单选项的相同。

◈ 选中"根据内容调整表格"单选项，表格的行宽和列宽将根据表格中的内容而自动进行调整。

◈ 选中"根据窗口调整表格"单选项，Word 将自动将页面宽度平均分配到表格中的各列。

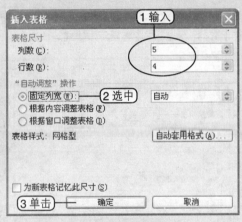

图 7-2　设置表格参数

③ 这里选中"固定列宽"单选项，并在其后的数值框中保持默认值"自动"不变，单击 确定 按钮，即可在文档中插入一个 5 列 4 行的表格，效果如图 7-3 所示。

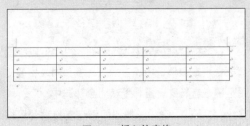

图 7-3　插入的表格

☀ **操作提示**

在"常用"工具栏中单击"插入表格"按钮，在弹出的列表框中拖动鼠标到所需的行列数，释放鼠标左键，也可得到相应行列数的表格。

7.1.2　绘制和擦除表格线

要在 Word 文档中徒手绘制和擦除表格线需先打开如图 7-4 所示的"表格和边框"工具栏。打开"表格和边框"工具栏有如下两种方法。

图 7-4　"表格和边框"工具栏

方法 1：选择【视图】→【工具栏】→【表格和边框】菜单命令。

方法 2：在"常用"工具栏中单击"表格和边框"按钮。

下面以在空白文档中先绘制一个 5 列 3 行的表格再擦除其中一条竖线为例，讲解绘制和擦除表格线的方法。

① 打开"表格和边框"工具栏，在"线型"下拉列表框中选择线型为"单横线"选项，在"粗细"下拉列表框中选择线条的粗细，在"边框颜色"下拉列表框中选择线条颜色，如"红色"，如图 7-5 所示。

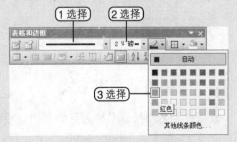

图 7-5　设置表格线条样式

2 单击"表格和边框"工具栏中的"绘制表格"按钮，拖动鼠标绘制一个矩形框，作为表格的外边框大小，如图7-6所示。

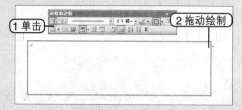

图7-6　绘制表格边框大小

3 在表格边框内拖动鼠标从左边框到右边框移动绘制两条横线，拖动鼠标从上边框到下边框移动绘制4条竖线，如图7-7所示。

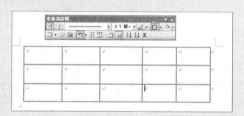

图7-7　绘制表格线

4 单击工具栏中的"擦除"按钮，移动鼠标指针到最后一根竖线上单击即可擦除该竖线，效果如图7-8所示。

图7-8　擦除表格线

7.1.3　表格自动套用格式

表格自动套用格式又称为自动套用表格样式，是Word默认存在的表格格式的组合方案，其中包括对表格边框线的样式、表格字符格

式、表格线颜色以及表格底纹的定义。

下面为"学生成绩统计表"文档中的表格自动套用格式。

1 打开"学生成绩统计表"文档（光盘 :\ 素材 \ 第6章），拖动鼠标选择整个表格，然后执行以下任一种操作打开"表格自动套用格式"对话框。

◈ 选择【表格】→【表格自动套用格式】菜单命令。

◈ 单击"表格和边框"工具栏中的"自动套用格式样式"按钮。

2 在"类别"下拉列表框中选择"所有表格样式"选项，在下方的"表格样式"列表框中选择要应用的样式，如"精巧型1"样式，此时在下方的"预览"栏中将显示该样式的预览效果，如图7-9所示。

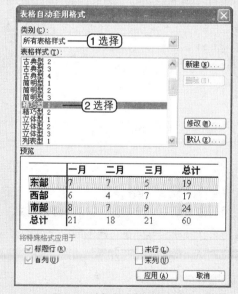

图7-9　选择自动套用表格样式

3 在"将特殊格式应用于"栏中可以根据需要选中或取消选中相应的复选框，对表格的应用范围进行特殊调整，默认为全部选中。

4 单击 应用(A) 按钮即可查看自动套用格式后的效果，如图7-10所示。

学生成绩统计表

学号	姓名	语文	数学	英语	物理	化学	平均成绩
1	尹婷	88	68	98	89	58	80.2
2	周林	87	84	78	95	65	81.8
3	王国正	56	72	81	78	68	71
4	乔凡	78	88	87	94	85	86.4
5	赖昌	89	75	65	71	64	72.8
6	杨萍	88	79	57	69	85	75.6
7	姚伟	98	48	98	53	53	70
8	宗彬	88	75	95	86	88	86.4

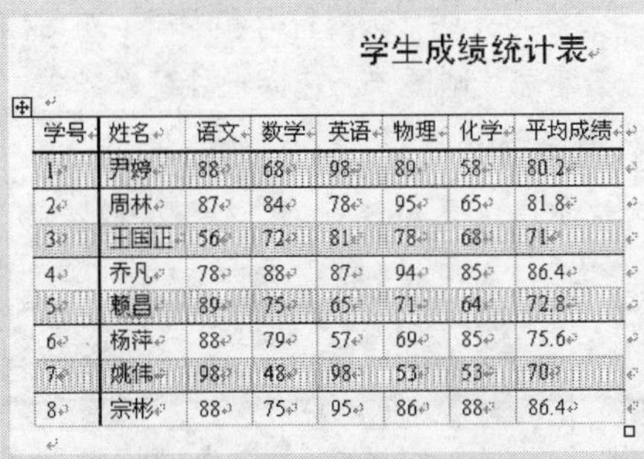

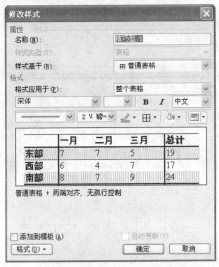

图 7-10　自动套用表格样式后的效果

如果要对所选表格样式进行修改，可以单击“表格自动套用格式”对话框中的 修改(M)... 按钮，打开如图 7-11 所示的“修改样式”对话框，在其中可以对表格样式的字体、字号、线型、基准样式以及该样式的应用范围等进行修改。

图 7-11　“修改样式”对话框

7.1.4　制作表头

表头即是指整个表格的标题行。表头的特征是与表中其他项目相比之下更为醒目，一般具有较粗的框线和底纹等。

制作表头的重点在于制作斜线表头，有如下 3 种方法。

方法 1：使用菜单命令制作斜线表头。

下面在“制作斜线表头”文档中制作斜线表头，其具体操作如下。

1 打开“制作斜线表头”文档（光盘:\素材\第 7 章），将鼠标光标定位到需要制作斜线表头的单元格中，这里将其定位到第 1 行第 1 列的单元格中，选择【表格】→【绘制斜线表头】菜单命令，如图 7-12 所示。

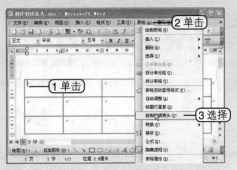

图 7-12　选择菜单命令

2 打开“插入斜线表头”对话框，在“表头样式”下拉列表框中选择表头的样式，如“样式一”选项。

3 在“字体大小”下拉列表框中选择字号为“小四”选项。

4 分别在“行标题”和“列标题”文本框中输入“货号”和“年份”，此时在对话框左下角的“预览”区域可以查看所设置的斜线表头样式，如图 7-13 所示。

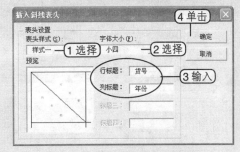

图 7-13　“插入斜线表头”对话框

5 单击 确定 按钮完成设置，制作的斜线表头效果如图7-14所示。

图7-14　绘制的斜线表头

方法2：单击"表格和边框"工具栏中的"绘制表格"按钮，在需要制作斜线表头的单元格中绘制斜线，再输入文字。

方法3：在"表格自动套用格式"对话框中选择带有斜线表头的样式对原表格进行套用。

7.1.5　为单元格添加编号或项目符号

根据需要可以为单元格添加自动编号，有如下两种方法。

方法1：先选择需要编号的单元格，然后在"格式"工具栏中单击"编号"按钮，可以添加默认的数字编号。

方法2：利用菜单命令添加。

下面为"添加单元格编号"文档中的第1行添加编号。

1 打开"添加单元格编号"文档（光盘:\素材\第7章），选择文档中表格的第1行，选择【格式】→【项目符号和编号】菜单命令，如图7-15所示。

图7-15　选择菜单命令

2 在打开的"项目符号和编号"对话框中单击"编号"选项卡，选择一种编号样式，如图7-16所示。

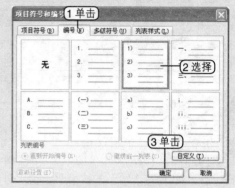

图7-16　选择编号样式

3 单击 确定 按钮，即可在选择的单元格中添加编号，效果如图7-17所示。

图7-17　添加的编号效果

※ **操作提示**

在"项目符号和编号"对话框中单击"项目符号"选项卡，便可以在选择的单元格中添加项目符号。

7.1.6　表格和文本的相互转换

Word可以将格式类似的表格和文本进行相互转换。

1．将文本转换成表格

将文本转换成表格的前提是将各独立单元以制表符、空格或逗号等分隔符号标记以便识别表格列框线的位置。

下面将"销售报表"文档中的文本转换成表格。

1 打开"销售报表"文档（光盘:\素材\第7章），拖动鼠标选择所有文本，选择【表格】→【转换】→【文本转换成表格】菜单命令，如图7-18所示。

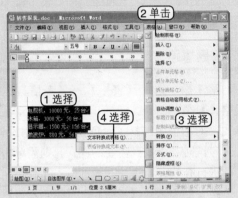

图7-18　选择菜单命令

2 在打开的"将文字转换成表格"对话框中的"列数"数值框中输入"3"，在"文字分隔位置"栏中选中"空格"单选项，如图7-19所示。

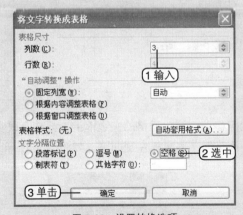

图7-19　设置转换选项

3 单击 确定 按钮，即可将选中文字转换成表格，效果如图7-20所示。

电视机	10000 元	25 台
冰箱	3000 元	50 台
显示器	1500 元	156 台
微波炉	800 元	561 台

图7-20　文字转换为表格效果

2．将表格转换成文本

下面将"学生成绩统计表"文档中的表格转换成文本，并使用制表符作为分隔符。

1 打开"学生成绩统计表"文档（光盘:\素材\第7章），拖动鼠标选择所有表格，选择【表格】→【转换】→【表格转换成文本】菜单命令，如图7-21所示。

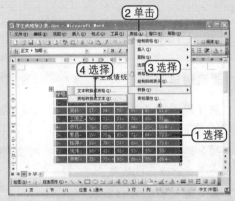

图7-21　选择菜单命令

2 打开"表格转换成文本"对话框，在"文字分隔符"栏下选中"制表符"单选项，如图7-22所示。

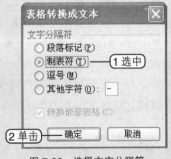

图7-22　选择文字分隔符

3 单击 确定 按钮，即可将选中的表格转换为文字，转换后的效果如图7-23所示。

学生成绩统计表						
学号	姓名	语文	数学	英语	物理	化学	平均成绩
1	尹婷	88	68	98	89	58	80.2
2	周林	87	84	78	95	65	81.8
3	王国正	56	72	81	78	68	71
4	乔凡	78	88	87	94	85	86.4
5	赖昌	89	75	65	71	64	72.8
6	杨萍	88	79	57	69	85	75.6
7	姚伟	98	48	98	53	53	70
8	宗彬	88	75	95	86	88	86.4

图 7-23　表格转换为文字效果

7.1.7　自测练习及解题思路

1．测试题目

第 1 题　将"学生成绩统计表"文档的表格样式更改为"彩色型 1"样式。

第 2 题　使用绘制表格工具在空白文档中绘制一个 5 行 5 列的表格。

第 3 题　将"耗材统计"文档中的表格转换成文字并用逗号将转换后的单元格内容分开。

第 4 题　将"工作量统计表"文档中的表格样式自动套用为"古典型 3"样式。

备注：使用"耗材统计"、"工作量统计表"等文档（光盘 :\ 素材 \ 第 7 章）作为练习环境。

2．解题思路

第 1 题　选择【表格】→【表格自动套用格式】菜单命令，在打开的"表格自动套用格式"对话框中选择"彩色型 1"，应用设置。注意考试时若没找到需要的样式，则需单击滚动条进行查找。

第 2 题　选择【表格】→【绘制表格】菜单命令，打开"表格和边框"工具栏，然后进行绘制。

第 3 题　选择整个表格，选择【表格】→【转换】→【表格转换成文本】菜单命令，在打开的"将表格转换成文字"对话框中的"文字分隔符"栏中选中"逗号"单选项。

第 5 题　略。

7.2　编辑表格

考点分析：编辑表格是重点知识，也是常考内容，考题有时非常简单，如只要求添加或删除单个单元格，有时会比较复杂，如插入行、列，自动调整行宽和列宽以及对单元格进行合并或拆分等，对于表格排序则考查较少。

学习建议：熟练掌握本节的所有知识点。

7.2.1　选择表格中的对象

在对表格中的对象进行操作之前需要先对其进行选择，选择表格中的对象有以下几种方法。

方法 1：要选择单个单元格，只需将鼠标光标移动到该单元格的左边框上，当其变成实心箭头后单击鼠标左键即可，如图 7-24 所示。

图 7-24　选择单元格

方法 2：要选择整行，需要将鼠标光标移动到该行的左侧框线外，当鼠标光标变为反箭头形状时单击鼠标左键或拖动鼠标选择整行。

方法 3：要选择整列，需将鼠标移动到该行顶端，当其变为实心箭头时单击鼠标左键或拖动鼠标选择整列。

方法 4：要选择多个连续单元格，以及连续的多行或多列单元格时,可拖动鼠标选择,或按住【Shift】键不放进行选择。

　　方法5:要选择不连续的多个表格元素可按下【Ctrl】键不放,然后依次用鼠标单击或拖动选择。

　　方法6:要选择整个表格只需单击表格左上角的表格控点⊞即可。

7.2.2　添加表格行、列和单元格

　　添加表格行、列和单元格的方法为将鼠标光标定位到要插入行、列或单元格的位置,选择【表格】→【插入】菜单命令,然后在弹出的子菜单中选择对应的命令即可,如图7-25所示。其各命令的作用如下。

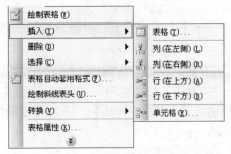

图 7-25　插入行、列和单元格

◈ 选择【表格】→【插入】→【列（在左侧）】菜单命令可在当前单元格左侧插入一列。

◈ 选择【表格】→【插入】→【列（在右侧）】菜单命令可在当前单元格右侧插入一列。

◈ 选择【表格】→【插入】→【行（在上方）】菜单命令可在当前单元格上方插入一行。

◈ 选择【表格】→【插入】→【行（在下方）】菜单命令可在当前单元格下方插入一行。

◈ 选择【表格】→【插入】→【单元格】菜单命令,将打开如图7-26所示的"插入单元格"对话框,在其中选择对应的单选项并单击 确定 按钮即可。

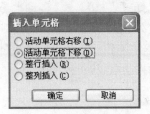

图 7-26　"插入单元格"对话框

7.2.3　删除表格行、列和单元格

　　删除表格中的行、列和单元格的方法为先选择要删除的行、列和单元格,然后选择【表格】→【删除】菜单命令,在弹出的子菜单中选择对应的命令即可,如图7-27所示。

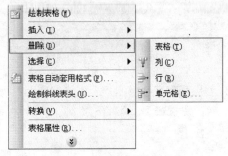

图 7-27　删除行、列和单元格

7.2.4　自动调整行宽和列宽

　　使Word自动调整行宽和列宽的方法为选中表格,再选择【表格】→【自动调整】菜单命令,在弹出的子菜单中选择对应的命令即可,如图7-28所示。其各命令的作用如下。

◈ 选择【表格】→【自动调整】→【根据内容调整表格】菜单命令,Word将

根据内容自动调整表格宽度。

◇ 选择【表格】→【自动调整】→【根据窗口调整表格】菜单命令，Word 将根据页面自动调整表格宽度。

◇ 选择【表格】→【自动调整】→【固定列宽】菜单命令，此时列宽将不再随内容而发生改变，但此时可通过手动拖动框线调整列宽。

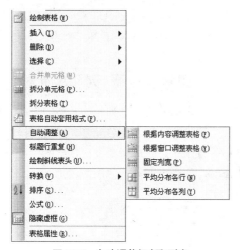

图 7-28　自动调整行宽和列宽

如果要将表格中的行或列的宽度设置为相同，可以先选择要调整的行或列，然后按如下两种方法进行。

方法 1：单击"表格和边框"工具栏中的"平均分布各行"按钮或"平均分布各列"按钮。

方法 2：选择【表格】→【自动调整】菜单命令，再在弹出的子菜单中选择"平均分布各行"命令或"平均分布各列"命令。

7.2.5　合并或拆分单元格

通过对单元格进行合并或拆分可以实现某些特殊情况下对表格的要求。

要合并相邻单元格之前需要先选中需要合并的单元格，然后可采用如下两种方法。

方法 1：单击"表格和边框"工具栏中的"合并单元格"按钮。

方法 2：选择【表格】→【合并单元格】菜单命令，如图 7-29 所示。

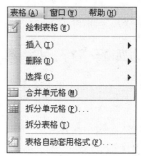

图 7-29　合并单元格

与合并单元格类似，在拆分单元格之前需要先选择目标单元格，然后可采用如下两种方法。

方法 1：单击"表格和边框"工具栏中的"拆分单元格"按钮。

方法 2：选择【表格】→【拆分单元格】菜单命令。

执行拆分命令后将打开如图 7-30 所示的"拆分单元格"对话框，分别在"列数"和"行数"数值框中分别输入拆分后的列数或行数，然后单击 确定 按钮。

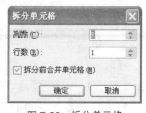

图 7-30　拆分单元格

7.2.6　表格排序

Word 可以对表格中的数据按照指定顺序

进行排序。下面在"学生成绩统计表"文档中对学生语文成绩进行降序排序。

① 打开"学生成绩统计表"文档（光盘:\素材\第7章），拖动鼠标选择第3列，选择【表格】→【排序】菜单命令，如图7-31所示。

② 打开"排序"对话框，在"主要关键字"栏中的下拉列表框中选择排序依据为"语文"，一般已默认为所选择列的列标题。

③ 选中"主要关键字"栏中的"降序"单选项，在"列表"栏中选中"有标题行"单选项（不选中则标题行将被作为普通数据进行排序），保持其他设置不变，如图7-32所示。

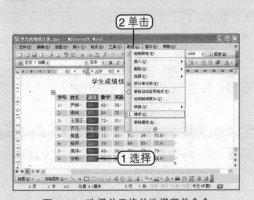

图7-31　选择单元格并选择菜单命令

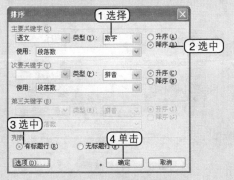

图7-32　设置排序选项

④ 单击 确定 按钮，即可完成对学生语文成绩的降序排序，如图7-33所示。

在设置排序选项时，有以下几点需要注意。

图7-33　降序排列

◆ 使用 Word 可以对多列表格进行排序，但在排序时可选的关键词最多为3个，且其优先级别依次降低。

◆ 在排序时一旦选择了关键词，就需为其选择排序方式，包括升序和降序。

◆ 如果要对中文关键词进行排序，可以将其排序类型设置为"拼音"或"笔划"。

◆ 如果选择的整列中包括标题行，则必须选中"有标题行"单选项，否则标题行将参与排序，反之亦然。

◆ 如果仅对选择的列排序而不影响其他列，可单击 选项(O)... 按钮，打开如图7-34所示的"排序选项"对话框，选中"仅对列排序"复选框即可。

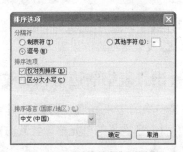

图7-34　"排序选项"对话框

考场点拨

在对表格进行编辑时基本上都是先选择对象，然后在"表格"菜单中选择相应的命令进行操作，因此考生要注意总结操作方法，记住一些知识点对应的菜单位置，以提高答题速度。

7.2.7 自测练习及解题思路

1．测试题目

第1题 在表格的第3行第3列单元格的左边插入一个新的单元格。

第2题 在表格的第2列右侧插入一列新的单元格。

第3题 在表格的第2行和第3行之间插入一行新的单元格。

第4题 将表格中第1列最后1个单元格拆分成两个相同大小的单元格。

第5题 将表格的第3行删除。

2．解题思路

第1题 略。

第2题 将鼠标光标定位到第2列中，选择【表格】→【插入】→【列（在右侧）】菜单命令即可。

第3题 将鼠标光标定位到第2行中，选择【表格】→【插入】→【行（在下方）】菜单命令即可。

第4题 将鼠标光标定位到该单元格中，选择【表格】→【拆分单元格】菜单命令，在打开的"拆分单元格"对话框中将列数设置为2。

第5题 选择第3行，单击鼠标右键，在弹出的快捷菜单中选择"删除行"菜单命令。注意表格的编辑操作在考试有时需利用右键菜单中的命令来实现，而删除列和单元格的方法也类似。

7.3 美化表格格式

考点分析：在同一套题中一般会有 1 ～ 2 道题。该考点的内容较少，而且大部分操作与字符和段落格式的设置类似，因此考生也比较容易掌握。

学习建议：熟练掌握边框和底纹单元格对齐方式，以及表格属性的设置。

7.3.1 设置表格的边框和底纹

设置表格的边框和底纹可以针对整个表格，也可针对所选择的单元格，设置方法有如下两种。

方法 1：利用工具按钮设置。

选择需要设置的单元格，然后分别单击"表格和边框"工具栏中的"外侧框线"按钮和"底纹颜色"按钮设置边框和底纹。

方法 2：利用菜单命令设置。

下面为"课程表"文档中的表格设置表格边框和底纹。

1 打开"课程表"文档（光盘 \ 素材 \ 第7章），单击表格控点选择整个表格，选择【格式】→【边框和底纹】菜单命令，如图 7-35 所示。

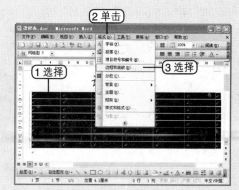

图 7-35 选择菜单命令

2 在打开的"边框和底纹"对话框中单击"边框"选项卡，分别设置线型样式、线条颜色和宽度等，其方法与前面介绍的设置字符边框的相同。这里在"线型"列表框中选择"双波浪线"

选项，在"应用于"下拉列表框中选择"表格"选项，如图 7-36 所示，此时在该对话框的右侧可以看到边框预览效果。

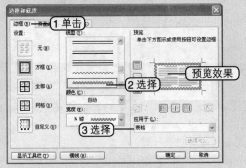

图 7-36　设置表格边框

❸ 单击"底纹"选项卡，在"填充"栏中选择"淡紫"，在"样式"下拉列表框中选择"5%"选项，在"应用于"下拉列表框中选择"表格"选项（默认已选中），如图 7-37 所示。

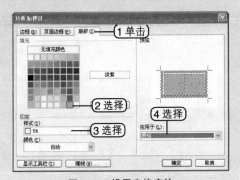

图 7-37　设置表格底纹

❹ 设置完成后单击 确定 按钮，设置边框和底纹后的表格效果如图 7-38 所示。

图 7-38　设置边框和底纹后的效果

7.3.2　设置单元格内容的格式

设置单元格内容的格式包括设置表格中字符的字体格式、文字的排列方式以及文字的水平或垂直对齐方式。

设置单元格中字符的字体格式之前，需先选择要设置的单元格，然后采用如下两种方法。

方法 1：在"格式"工具栏中对字体、字号、颜色以及加粗等效果进行设置（具体操作可参见 4.1 节）。

方法 2：选择【格式】→【字体】菜单命令，在打开的"字体"对话框中进行设置（具体操作可参见第 4 章）。

设置单元格中字符的垂直或水平排列方式前需先选择单元格，然后选择【格式】→【文字方向】菜单命令，在打开的如图 7-39 所示的"文字方向 - 表格单元格"对话框的"方向"栏中选择需要的文字排列方式，然后单击 确定 按钮。

图 7-39　"文字方向 - 表格单元格"对话框

单元格中默认文字的对齐方式为"靠上两端对齐"。设置单元格中文字的对齐方式有如下两种方法。

方法 1：先选择要更改的单元格，然后单击"表格和边框"工具栏中的"对齐"按钮，在弹出的如图 7-40 所示的下拉列表中选择需要的对齐方式即可。

方法2：选择要更改的单元格，然后单击鼠标右键，在弹出的快捷菜单中选择"单元格对齐方式"子菜单中的对齐图标即可。

图7-40　选择对齐方式

7.3.3　设置表格属性

设置表格属性包括设置表格在页面上的位置、文字的环绕方式、单元格边距、行高以及列宽等属性。

1．设置整个表格的尺寸和位置

下面为"课程表"文档中的表格设置尺寸和位置。

❶ 打开"课程表"文档（光盘\素材\第7章），单击表格左上角的表格控点⊞选择整个表格，选择【表格】→【表格属性】菜单命令。

❷ 在打开的"表格属性"对话框中单击"表格"选项卡，选中"尺寸"栏中的"指定宽度"复选框，然后在后面的数值框中输入"12厘米"，再在后面的"度量单位"下拉列表框中选择"厘米"选项，如图7-41所示。

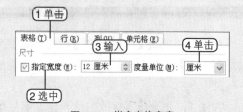

图7-41　指定表格宽度

❸ 在"对齐方式"栏中选择"居中"选项，如图7-42所示，表示设置表格的对齐方式为居中对齐。

图7-42　设置居中对齐

❹ 在"文字环绕"栏中选择"环绕"选项，如图7-43所示，此时可以单击其右侧的 定位(P)... 按钮具体设置文字环绕方式。

图7-43　设置文字环绕

❺ 完成设置后单击 确定 按钮，效果如图7-44所示。

图7-44　设置整个表格的尺寸和位置

2．精确设置表格的行高和列宽

精确设置表格的行高和列宽也是通过在"表格属性"对话框进行设置的。下面接着在"课程表"文档中设置表格行高和列宽。

❶ 拖动鼠标选择表格的第1行，选择【表格】→【表格属性】菜单命令打开"表格属性"对话框。

❷ 单击对话框中的"行"选项卡，在"尺寸"栏下选中"指定高度"复选框，在后面的数值框

中输入"1厘米",如图7-45所示。

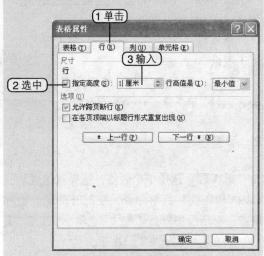

图 7-45 设置行宽

③ 单击"确定"按钮即可查看设置行高后的效果。

④ 拖动鼠标选择第1列单元格,选择【表格】→【表格属性】菜单命令。

⑤ 在打开的"表格属性"对话框中单击"列"选项卡,选中"指定宽度"复选框,在"指定宽度"数值框中输入"2厘米",如图7-46所示。

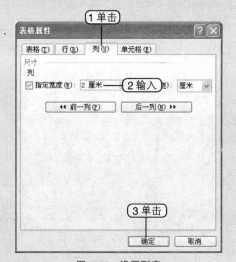

图 7-46 设置列宽

⑥ 单击 确定 按钮,完成行高和列宽的精确设置,效果如图7-47所示。

图 7-47 精确设置行高和列宽的效果

☀ 操作提示

设置行高或列宽时单击其对应选项卡中的 ± 上一行(P) 、 下一行 ± (N) 、 ◄◄ 前一列(P) 或 后一列(N) ►► 按钮可以继续设置其他行或列的高度或宽度。

3.设置单元格边距

下面为"课程表"文档中的第1行第1列单元格设置边距。

① 将鼠标光标定位到第1行第1列单元格中,选择【表格】→【表格属性】菜单命令,打开"表格属性"对话框,单击"单元格"选项卡,单击 选项(O)... 按钮,如图7-48所示。

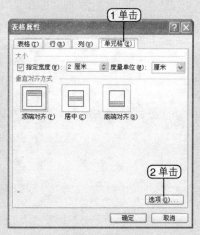

图 7-48 单击按钮

2 在打开的"单元格选项"对话框中取消选中"与整张表格相同"复选框。

3 在下方的数值框中分别输入上、下、左、右单元格的边距值，如图7-49所示，单击 确定 按钮应用设置。

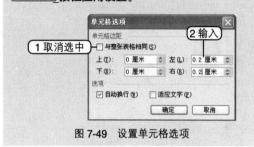

图 7-49   设置单元格选项

7.3.4   自测练习及解题思路

1．测试题目

第1题   为文档中表格的第1列设置黄色底纹。

第2题   为文档中表格的文字设置对齐方式为"居中对齐"。

第3题   更改所选单元格的边距为0.1厘米。

第4题   将表格第1行的行高设置为固定值1厘米。

备注：使用"学生成绩统计表 .doc"（光盘 :\ 素材 \ 第 7 章）作为练习环境。

2．解题思路

第1题   选择整个表格，选择【格式】→【边框和底纹】菜单命令，在打开的"边框和底纹"对话框中单击"底纹"选项卡，选择"黄色"填充，单击 确定 按钮。

第2题   选择整个表格，单击"表格和边框"工具栏中的"对齐"按钮，在弹出的下拉列表中选择"居中"。

第3题   略。

第4题   略。

第8章 ▸添加图形对象◂

在 Word 2003 中可以自行添加多种图形对象，其中包括基本几何图形、自选图形、图片、剪贴画、艺术字、图示、图表以及数学公式等。

8.1 绘制图形

考点分析：该考点是常考内容。虽然图形的种类很多，但其绘制方法是基本相同的，基本上都是在"绘图"工具栏中选择相应的绘图按钮，在文档中拖动绘制。因此，考生要善于总结学习方法。

学习建议：熟练掌握各种基本几何图形和自选图形的绘制方法，熟悉绘图画布的使用方法。

8.1.1 使用绘图画布

绘图画布是绘制图形的区域，使用绘图画布绘制图形可以更直观地安排所绘制的图形的大小和位置。

要显示绘图画布，只需选择【插入】→【图片】→【绘制新图形】菜单命令即可，同时会打开"绘图画布"工具栏，如图 8-1 所示。

图 8-1　绘图画布

绘制图形时将自动显示出绘图画布，设置绘图画布是否自动显示的方法为：选择【工具】→【选项】菜单命令，打开"选项"对话框，单击"常规"选项卡，选中或取消选中"插入'自选图形'时自动创建绘图画布"复选框，单击 确定 按钮，如图 8-2 所示。

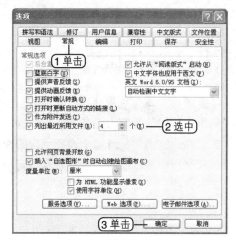

图 8-2 "常规"选项卡

如图 8-1 所示的"绘图画布"工具栏中各按钮的作用如下。

◆ 单击"调整"按钮可以将当前绘图画布的大小自动调整到画布中的图形大小。

◆ 单击"扩大"按钮可以将当前绘图画布的大小自动调整放大一部分。

◆ 单击"缩放绘图"按钮，此时绘图画布周围的控点将变成圆点，按住圆点拖动缩放画布并同时缩放画布中的图形对象。

◆ 单击"文字环绕"按钮，可在弹出的下拉菜单中选择绘图画布的文字环绕方式，包括"嵌入型"、"四周型环绕"、"紧密型环绕"、"衬于文字下方"、"浮于文字上方"、"上下型环绕"、"穿越型环绕"和"编辑环绕顶点"8 种环绕方式。

☀ 操作提示

在绘图画布区域外任意一点单击鼠标即可隐藏画布；在画布区域内单击则可重新显示画布。

8.1.2 绘制基本图形

在 Word 2003 中可以绘制的基本图形包括直线、带箭头的直线、矩形和椭圆形。在绘制基本图形前需打开如图 8-3 所示的"绘图"工具栏，有如下两种打开方法。

方法 1：选择【视图】→【工具栏】→【绘图】菜单命令。

方法 2：单击"常用"工具栏中的"绘图"按钮。

图 8-3 "绘图"工具栏

使用"绘图"工具栏绘制基本图形的具体操作如下。

1 选择【视图】→【工具栏】→【绘图】菜单命令，打开"绘图"工具栏。

2 单击"绘图"工具栏中的"直线"按钮，此时将新建一个绘图画布，按住鼠标左键并拖动即可在绘图区域绘制一条直线，如图 8-4 所示。

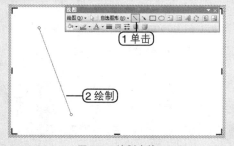

图 8-4 绘制直线

③ 单击"箭头"按钮 ↘，按住鼠标左键并拖动即可在绘图区域绘制一条带箭头的直线，如图 8-5 所示。

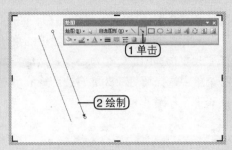

图 8-5　绘制带箭头的直线

④ 单击"矩形"按钮 □，在绘图画布区域单击鼠标左键即可绘制一个正方形，再次单击"矩形"按钮，按住鼠标左键并拖动可绘制一个矩形，如图 8-6 所示。

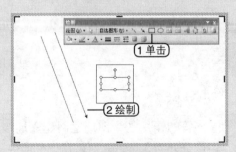

图 8-6　绘制正方形和矩形

⑤ 单击"椭圆"按钮 ○，在绘图画布区域单击鼠标左键即可绘制一个圆形，再次单击"椭圆"按钮，按住鼠标左键并拖动可绘制一个椭圆形，如图 8-7 所示。

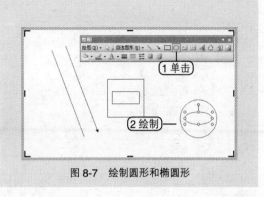

图 8-7　绘制圆形和椭圆形

要选择已绘制的图形，有如下几种操作方法。

方法 1：将鼠标指针移动到绘制的图形上，当其变为 ✥ 形状时单击鼠标左键即可选择该图形。

方法 2：按住【Ctrl】键不放依次单击图形可选择多个图形。

方法 3：单击"绘图"工具栏中的"选择对象"按钮 ↖，然后按住鼠标左键并拖动可框选所有的图形。

8.1.3　绘制自选图形

自选图形是 Word 中自带的一组图形元素，下面讲解自选图形的绘制方法。

1．绘制自选图形的一般方法

下面以绘制一个"十六角星"形状为例介绍绘制自选图形的一般方法。

① 单击"绘图"工具栏中的"自选图形"按钮 自选图形(U)▾，在弹出的菜单中选择【星与旗帜】→【十六角星】菜单命令，如图 8-8 所示。

② 在出现的绘图画布中单击鼠标左键或按住鼠标左键不放并拖动，均绘制一个十六角星形状，如图 8-9 所示。

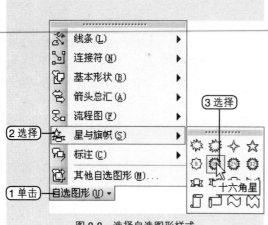

图 8-8　选择自选图形样式

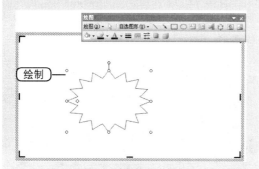

图 8-9　绘制的自选图形

3 将鼠标指针移动到图形四周的控制柄上，当其变为双箭头形状时拖动鼠标即可调整自选图形形状，如图 8-10 所示。

图 8-10　调整自选图形形状

操作小结：要绘制自选图形，需单击"绘

图"工具栏中的"自选图形"按钮 自选图形(U)▼ ，在弹出的菜单中选择要绘制的图形类别，然后在弹出的子菜单中选择所需的形状即可。

如要将已经绘制完毕的自选图形更改为其他图形，其方法为选择要更改的图形，单击"绘图"工具栏中的 绘图(D)▼ 按钮，在弹出的菜单中选择"改变自选图形"菜单命令，然后在弹出的子菜单中选择要更改为的自选图形的类别及样式即可，如图 8-11 所示。

图 8-11　更改自选图形

2．绘制连接符

连接符的作用是为图形之间建立连接关系。连接符分为 3 类，分别为直线型连接符、肘形连接符和曲线形连接符。连接符的特点是当被连接对象移动时，连接符也会更改长度和形状以保持对象被连接。

下面在"连接符"文档中为自选图形绘制连接符为例进行讲解。

1 打开"连接符"文档（光盘 \ 素材 \ 第 8 章），选择【视图】→【工具栏】→【绘图】菜单命令，打开"绘图"工具栏，选择左侧的矩形。

2 单击"绘图"工具栏中的"自选图形"按钮，在弹出的菜单中选择【连接符】→【直接箭头连接符】菜单命令，如图 8-12 所示。

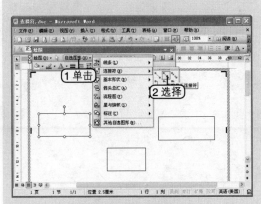

图 8-12　选择连接符的种类

③ 单击所选矩形右侧边框中间的控制点，此时在所选矩形的四周将出现蓝色的点，拖动鼠标至右侧矩形边框上，此时连接符与右侧矩形建立连接，如图 8-13 所示。

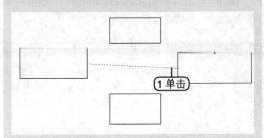

图 8-13　选择第一个连接点

④ 单击鼠标左键，即可成功建立连接，此时连接符两端将显示出红色圆点。用同样的方法可以建立多个连接，如图 8-14 所示。

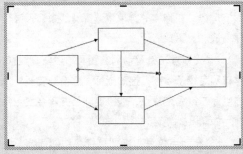

图 8-14　建立连接

操作提示

如果存在连接符排列不合理的情况，可选择已连接的图形对象，选择【绘图】→【重排连接符】菜单命令即可对连接符进行重排。

3. 绘制流程图

流程图是用于表现具有连贯性过程的图形，如工作流程和生产流程等，绘制流程图的具体操作如下。

① 选择【视图】→【工具栏】→【绘图】菜单命令，打开"绘图"工具栏，单击"自选图形"按钮，在弹出的菜单中选择【流程图】→【流程图可选过程】菜单命令，如图 8-15 所示。

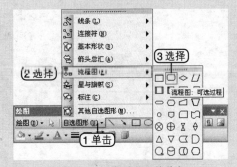

图 8-15　选择流程图的种类

② 在出现的绘图画布中拖动鼠标绘制图形，然后重复以上步骤，绘制其他需要的流程图，效果如图 8-16 所示。

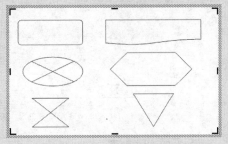

图 8-16　绘制流程图

对已绘制的流程图进行更改的方法，有以下几种。

◆ 要移动流程图，只需将鼠标光标移动到流程图上，当其变为形状时即可将其拖动到其他位置。

◆ 要调整图形尺寸，只需拖动图形四周的控点即可。

◆ 要转动图形，只需拖动图形上方的绿色旋转控点即可。

◆ 要删除图形，只需选择该图形后并按【Delete】键。

4．绘制曲线和多边形

绘制曲线的具体操作如下。

1️⃣ 选择【视图】→【工具栏】→【绘图】菜单命令打开"绘图"工具栏，单击"自选图形"按钮，在弹出的菜单中选择【线条】→【曲线】菜单命令，如图8-17所示。

图8-17　选择线条种类

2️⃣ 将鼠标光标移动到绘图画布中的任意位置单击确定线条的起点并拖动鼠标，如图8-18所示。

图8-18　绘制线条

3️⃣ 当线条需要弯曲时单击鼠标左键即可确定一个顶点，然后改变拖动方向，如图8-19所示。

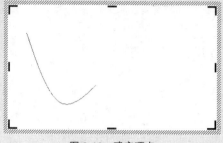

图8-19　确定顶点

4️⃣ 如果需要结束绘制只需双击鼠标左键即可，而在起点处单击鼠标左键则可以使曲线闭合，如图8-20所示。

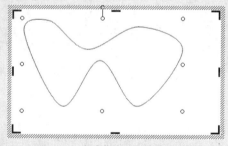

图8-20　完成曲线绘制并使其闭合

绘制多边形的具体操作如下。

1️⃣ 选择【视图】→【工具栏】→【绘图】菜单命令，打开"绘图"工具栏，单击"自选图形"按钮，在弹出的菜单中选择【线条】→【任意多边形】菜单命令。

2️⃣ 将鼠标指针移动到绘图画布中任意位置，单击确定线条起点并拖动鼠标，在需要转折处单击鼠标左键确定顶点，线条变向后并不会发生弯曲，如图8-21所示。

3️⃣ 在起点位置单击即可使多边形闭合，完成多边形的绘制，如图8-22所示。

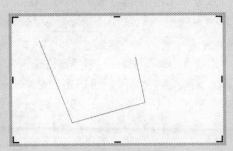

图 8-21　绘制多边形线条

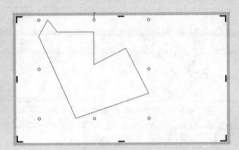

图 8-22　完成多边形的绘制

如果要对绘制的曲线或多边形进行修改和编辑，需先选择【绘图】→【编辑顶点】菜单命令显示出图形的顶点，再使用如下方法进行编辑。

◆ 要调整曲线或多边形的形状只需拖动顶点即可。

◆ 要在曲线或多边形上添加顶点只需按住【Ctrl】键单击需要添加顶点的位置即可。

◆ 要删除顶点只需按住【Ctrl】键单击该顶点。

5．绘制标准图形

标准图形是指正方形、圆形、正方体或正多边形等图形，绘制的具体操作如下。

1 选择【视图】→【工具栏】→【绘图】菜单命令，打开"绘图"工具栏，单击"矩形"

按钮，按住【Shift】键不放拖动鼠标，在绘图画布中绘制一个正方形，如图 8-23 所示。

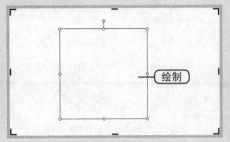

图 8-23　绘制正方形

2 单击"椭圆"按钮，按住【Shift】键不放拖动鼠标，在绘图画布中绘制一个圆形，如图 8-24 所示。

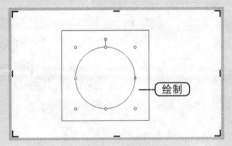

图 8-24　绘制圆形

3 选择【自选图形】→【基本形状】→【立方体】菜单命令，按住【Shift】键不放拖动鼠标，在绘图画布中绘制一个正方体，如图 8-25 所示。

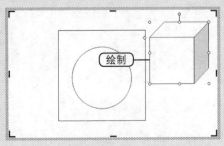

图 8-25　绘制正方体

④ 选择【自选图形】→【基本形状】→【六边形】菜单命令，按住【Shift】键不放拖动鼠标，在绘图画布中绘制一个正六边形，如图 8-26 所示。

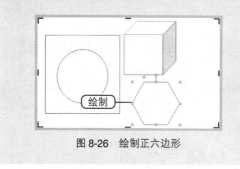

图 8-26　绘制正六边形

6. 绘制更多的自选图形

如果 Word 2003 自带的图形不能满足绘制需要，还可以选择【自选图形】→【其他自选图形】菜单命令，打开"剪贴画"任务窗格。然后通过以下几种方法获得更多的自选图形。

方法 1：在打开的"剪贴画"任务窗格列表框中选择一种图形，如图 8-27 所示。

图 8-27　"剪贴画"列表框

方法 2：单击"剪贴画"任务窗格底部的"Office 网上剪辑"超级链接，登录 Microsoft Office 网站下载更多图形。

方法 3：单击"剪贴画"任务窗格底部的"管理剪辑"超级链接，打开如图 8-28 所示的"Microsoft 剪辑管理器"对话框获取更多剪贴画图形。

图 8-28　"Microsoft 剪辑管理器"对话框

8.1.4　插入装饰横线

插入装饰横线的具体操作如下。

① 将鼠标光标定位到要插入装饰横线的位置，选择【格式】→【边框和底纹】菜单命令，在打开的"边框和底纹"对话框中单击 横线(H)... 按钮。

② 在打开的如图 8-29 所示的"横线"对话框中选择要插入的装饰横线。

图 8-29　选择装饰横线样式

❸ 单击 确定 按钮，效果如图 8-30 所示。

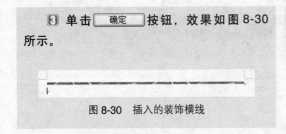

图 8-30　插入的装饰横线

8.1.5　调整图形

在绘制图形过程中若要调整图形的形状或位置，需先选择该图形，此时图形四周将出现如图 8-31 所示的控点，然后进行如下操作。

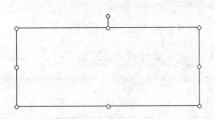

图 8-31　选择图形并显示其控点

◆将鼠标指针移动到图形上可拖动图形，按住【Shift】键并拖动可使图像只进行横向或纵向移动。

◆每按一次方向键可使图形在该方向上移动一个最小距离。

◆将鼠标指针移动到控点上，当指针变为双箭头形状时拖动鼠标可改变图形的大小和形状。

◆按住【Ctrl】键改变图形的大小和形状时可保持图形的中心位置不变。

◆按住【Shift】键改变图形的大小和形状时可保持图形的长宽比不变。

◆拖动图形上方的绿色圆点可将图形原地转动。

◆要在图形中输入文字，需在其上单击鼠标右键，在弹出的快捷菜单中选择

"添加文字"菜单命令。如果图形中已有文字，此时可选择"编辑文字"菜单命令对文字进行修改。

◆在"格式"工具栏中单击"对齐"按钮组可以设置图形中文字的水平对齐方式。

◆单击"更改文字方向"按钮 可以将图形中的文字设置为横向或纵向排列。

◆按住【Ctrl】键并拖动图形可以复制该图形。

◆要删除图形只需按【Delete】键或选择【编辑】→【剪切】菜单命令。

8.1.6　自测练习及解题思路

1．测试题目

第 1 题　在"连接符"文档中插入一个自选图形中的双箭头。

第 2 题　在"贺卡"文档中插入一个"爆炸型 2"自选图形。

第 3 题　在"贺卡"文档中插入一个"十六角星"自选图形。

第 4 题　新建一个空白文档，并绘制一个正方形。

备注：上述练习和本章所涉及的"贺卡"、"连接符"等文档位于光盘:\素材\第8章。

2．解题思路

第 1 题　选择【视图】→【工具栏】→【绘图】菜单命令打开"绘图"工具栏，单击"自选图形"按钮，在弹出的菜单中选择【线条】→【双箭头】菜单命令并绘制。注意考试时，如没有发现"绘图"工具栏，还必须先将其显示出来。

第 2 题　略。

第3题　略。

第4题　通过工具按钮或菜单栏新建一个

空白文档，单击"绘图"工具栏上的□按钮，按【Shift】键的同时拖动绘制正方形。

8.2　编辑图形

考点分析：这是关于图形的考试重点，其中图形的组合、旋转、翻转及叠放次序设置都是常考的，应重点掌握。在答题时，若还没有选择图形，则必须先选择图形再进行编辑。

学习建议：熟练掌握图形的组合、旋转翻转及调整叠放次序的操作方法，对设置绘图网格和图形微移的知识了解即可。

8.2.1　组合图形

使用组合图形的功能可以将多个基本或自选图形组合在一起，从而构成一个复杂的图形。图形组合后还可以取消组合还原成单个图形。在绘图画布中按住【Ctrl】键不放选择多个图形，在其上单击鼠标右键，在弹出的快捷菜单中选择"组合"菜单命令，再在弹出的子菜单中选择相应命令即可，如图8-32所示。

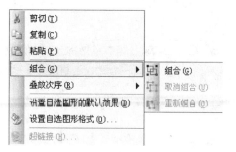

图8-32　组合图形

"组合"子菜单中各命令的作用如下。

◆选择"组合"菜单命令可以将所有选择的图形组合成一个整体。

◆选择"取消组合"菜单命令可以将已

组合的图形拆分还原。

◆取消组合图形后，如果对其中一个或多个图形进行了编辑，只需选择之前组合图形中至少一个对象，再选择"重新组合"菜单命令，即可将原组合图形重新组合在一起。

8.2.2　对齐与分布图形

自选图形默认是以浮动方式插入文档的，而来自文件的图片则是以嵌入方式插入文档。在对图形进行对齐与分布操作之前，需要将其设置为浮动方式插入文档（操作方法参考8.4.3小节）。

下面在"方圆"文档中将自选图形相对于绘图画布进行对齐。

1 打开"方圆"文档（光盘:\素材\第8章），按住【Shift】键选择其中的两个自选图形，单击"绘图"工具栏中的"绘图"按钮，在弹出的菜单中选择【对齐或分布】→【水平居中】菜单命令，如图8-33所示。

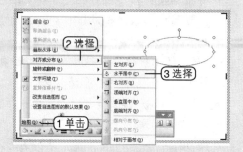

图8-33　选择对齐方式

2 此时所选的自选图形将以水平居中的方式在绘图画布中对齐，如图8-34所示。

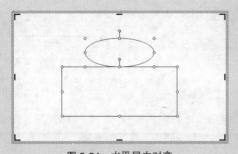

图 8-34　水平居中对齐

下面在"方圆"文档中使自选图形相对于页面进行对齐或分布。

① 打开"方圆"文档（光盘：\素材\第8章），按住【Shift】键选择其中的两个自选图形并将其移动到绘图画布外，选择绘图画布并将其删除，如图 8-35 所示。

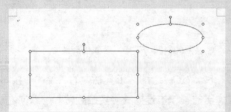

图 8-35　选择自选图形并删除绘图画布

② 单击"绘图"工具栏中的"绘图"按钮，在弹出的菜单中选择【对齐或分布】→【相对于页】菜单命令，如图 8-36 所示。

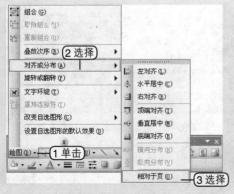

图 8-36　选择菜单命令

③ 单击"绘图"工具栏中的"绘图"按钮，在弹出的菜单中选择【对齐或分布】→【顶端对齐】菜单命令，此时所选的自选图形将自动对齐于页面顶端，如图 8-37 所示。

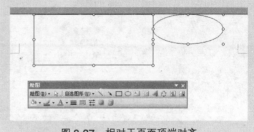

图 8-37　相对于页面顶端对齐

下面在"四维分布"文档中对其中的自选图形进行横向分布。

① 打开"四维分布"文档（光盘：\素材\第8章），按住【Shift】键选择其中的 4 个自选图形，单击"绘图"工具栏中的"绘图"按钮，在弹出的菜单中选择"对齐或分布"菜单命令，在弹出的子菜单中取消选中"相对于画布"选项，如图 8-38 所示。

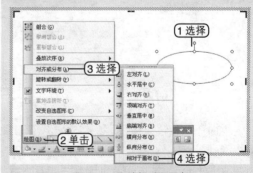

图 8-38　取消相对于画布

② 单击"绘图"工具栏中的"绘图"按钮，在弹出的菜单中选择【对齐或分布】→【横向分布】菜单命令，如图 8-39 所示，此时所选的自选图形将自动横向分布，如图 8-40 所示。

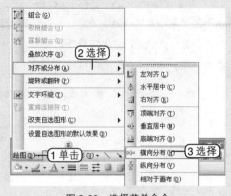

图 8-39 选择菜单命令

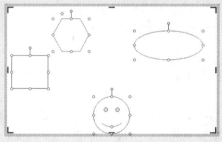

图 8-40 横向分布自选图形

操作提示

自选图形的数量在 3 个或 3 个以上才能进行分布操作，否则只能进行对齐操作。

8.2.3 旋转与翻转图形

下面在"旋转与翻转"文档中对其中的自选图形进行旋转与翻转。

1 打开"旋转与翻转"文档（光盘:\素材\第 8 章），选择其中的多边形，将鼠标指针移动到其绿色的"旋转控点"上，当指针变为 形状时进行拖动即可旋转图像，如图 8-41 所示。

2 按住【Shift】键并旋转图形可以将旋转角度限制为 15°角的整数倍，如图 8-42 所示。

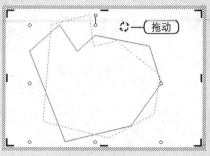

图 8-41 旋转图形

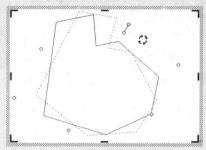

图 8-42 按 15°整数倍旋转图形

3 单击"绘图"工具栏中的"绘图"按钮，在弹出的菜单中选择【旋转或翻转】→【向左旋转 90°】/【向右旋转 90°】菜单命令可以将图形向左或向右旋转 90°，如图 8-43 所示。

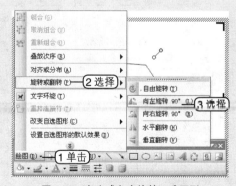

图 8-43 向左或向右旋转 90°图形

4 单击"绘图"工具栏中的"绘图"按钮，在弹出的菜单中选择【旋转或翻转】→【水平翻转】/【垂直翻转】菜单命令可将图形进行水平或垂直翻转，如图8-44所示。

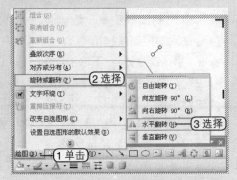

图 8-44　翻转图形

8.2.4　设置图形的叠放次序

在 Word 2003 中图形是按照添加的先后次序层层叠加的，可以通过对图形的叠放次序进行调整以创建不同的视觉效果。下面在"叠放"文档中设置图形的叠放次序。

① 打开"叠放"文档(光盘:\素材\第8章)，可以看见其中5个不同颜色的圆形叠放在一起，选择底层的紫色圆形，执行以下任一操作可将其叠放次序更改为最顶层，效果如图8-45所示。

❖ 在图形上单击鼠标右键，在弹出的快捷菜单中选择【叠放次序】→【置于顶层】菜单命令。

❖ 单击"绘图"工具栏中的"绘图"按钮，在弹出的菜单中选择【叠放次序】→【置于顶层】菜单命令。

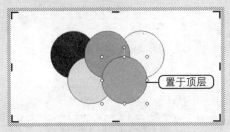

图 8-45　将紫色圆形置于顶层

② 选择红色圆形，在其上单击鼠标右键，在弹出的快捷菜单中选择【叠放次序】→【置于底层】菜单命令可将其置于底层，如图8-46 所示。

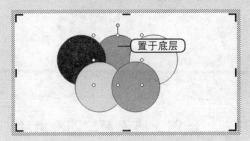

图 8-46　将红色圆形置于底层

☀ **操作提示**

使用快捷菜单对图形的叠放次序进行设置是最方便的方法，读者应认真学习。考试时可先考虑使用该方法，不行再利用"绘图"工具栏进行设置。

③ 选择绿色圆形，单击"绘图"工具栏中的"绘图"按钮，在弹出的菜单中选择【叠放次序】→【上移一层】菜单命令将其上移一层，如图8-47 所示。

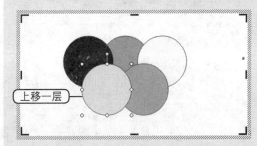

图 8-47　将绿色圆形上移一层

④ 选择黑色圆形，在其上单击鼠标右键，在弹出的快捷菜单中选择【叠放次序】→【下移一层】菜单命令，将其下移一层，效果如图8-48所示。

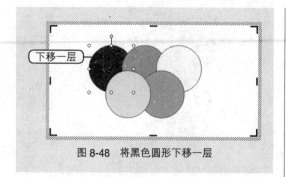

图 8-48　将黑色圆形下移一层

8.2.5　绘图网格设置与图形微移

首先要说明绘图网格的概念，绘图网格是页面中隐藏的一组坐标线，缺省坐标起点为页边距。自选图形对象在页面中的移动受制于该网格线，图形不能位于绘图网格的最小间距之间。而图形微移则是暂时屏蔽绘图网格的作用而使图形进行网格最小间距之间的移动。

在文档中设置绘图网格的方法为：单击"绘图"工具栏中的"绘图"按钮，在弹出的菜单中选择"绘图网格"菜单命令，打开如图 8-49 所示的"绘图网格"对话框。

图 8-49　"绘图网格"对话框

其各设置的作用如下。

◆ 选中"对象与网格对齐"复选框可以使图形对象的边缘对齐于网格线。

◆ 选中"对象与其他对象对齐"复选框可以使拖动的对象与其他图形的边缘易于对齐。

◆ 在"网格设置"栏下的"水平间距"和"垂直间距"数值框中输入需要的数值可以控制图形位置，数值越小，对图形位置的控制就越精确。

◆ 在"网格起点"栏下取消选中"使用页边距"复选框可以改变网格线起点，然后分别在其下方的"水平起点"和"垂直起点"数值框中精确设置起点的位置。

◆ 选中"在屏幕上显示网格线"复选框可以显示网格线，如果页面中存在绘图画布，则网格线在画布中显示。

◆ 显示出网格线后如果要设置网格密度，可以在其下方的"水平间隔"和"垂直间隔"数值框中进行相应的设置。

对图形对象进行微移的方法为：选择要移动的对象，单击"绘图"工具栏中的"绘图"按钮，在弹出的菜单中选择"微移"菜单命令，然后在弹出的子菜单中选择相应的命令即可，如图 8-50 所示。

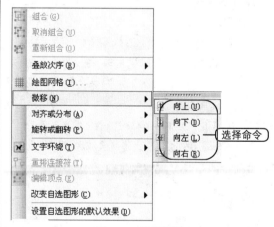

图 8-50　微移图形

 操作提示

在按住【Alt】键不放移动图形对象也可以实现微移。

8.2.6 自测练习及解题思路

1．测试题目

第1题 在"叠放"文档中将所有图形组合成一个图形，然后取消组合。

第2题 将"旋转与翻转"文档中的多边形进行水平翻转。

第3题 将"叠放"文档中的黑色图形置于顶层。

2．解题思路

第1题 略。

第2题 选择图形，单击"绘图"工具栏中的"绘图"按钮，在弹出的菜单中选择【旋转或翻转】→【水平翻转】菜单命令。

第3题 选择图形，在其上单击鼠标右键，在弹出的快捷菜单中选择【叠放次序】→【置于顶层】菜单命令。

8.3 插入与编辑图片和剪贴画

考点分析：插入图片和剪贴画是常考的知识点，一般与编辑图片和剪贴画格式结合起来考查，如插入图片并增加对比度以及将图片颜色更改为"冲蚀"等。

学习建议：熟练掌握各种插入图片和剪贴画的方法以及编辑图片效果的方法。

8.3.1 插入来自文件的图片

来自文件的图片包括保存在硬盘上的图片，以及一些移动存储设备如光盘、扫描仪和数码相机中的图片。

下面在文档中插入保存在电脑硬盘中的图片。

❶ 将鼠标光标定位到要插入图片的位置，选择【插入】→【图片】→【来自文件】菜单命令，如图 8-51 所示。

❷ 在打开的如图 8-52 所示的"插入图片"对话框的"查找范围"下拉列表框中选择要插入的图片所在的位置，这里选择"示例图片"文件夹。

❸ 在中间的列表框中选择要插入的文件，这里选择"Blue hills.jpg"图像文件。

❹ 单击 插入(S) 按钮，此时图片将被插入鼠标光标所在位置。

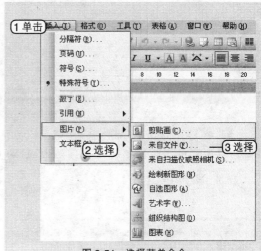

图 8-51 选择菜单命令

图 8-52 插入页码

在文档中插入来自扫描仪或数码相机中的图片。

1 将鼠标光标定位到要插入图片的位置，选择【插入】→【图片】→【来自扫描仪或照相机】菜单命令，如图8-53所示。

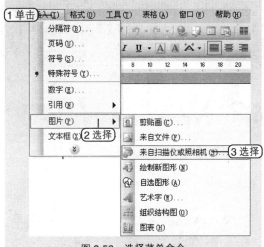

图 8-53　选择菜单命令

2 在打开的如图8-54所示的"插入来自扫描仪或照相机的图片"对话框中单击 自定义插入(C) 按钮。

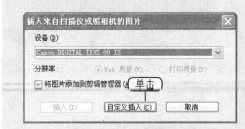

图 8-54　单击按钮

3 在打开的如图8-55所示的获取图片对话框的照片列表框中选择要插入的照片，单击 获取图片(G) 按钮即可将该照片插入到文档中。

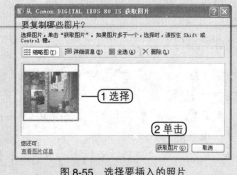

图 8-55　选择要插入的照片

8.3.2　插入剪贴画

剪贴画是 Word 2003 中自带的一个图片库，在文档中插入剪贴画的具体操作如下。

1 将鼠标光标定位到要插入剪贴画的位置，选择【插入】→【图片】→【剪贴画】菜单命令，如图8-56所示。

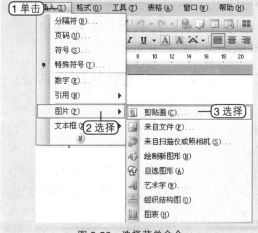

图 8-56　选择菜单命令

2 打开如图8-57所示的"剪贴画"任务窗格。该窗格中各选项的作用如下。

◆ 如已知需要插入的剪贴画文件名或部分名称、描述剪辑的词汇或剪辑的分类名称，可直接在"搜索文字"文本框中输入关键词，然后单击 搜索 按钮搜索剪贴画。

图 8-57 "剪贴画"任务窗格

◆ 在"搜索范围"下拉列表框中可以设置搜索剪贴画的范围。

◆ 在"结果类型"下拉列表框中可以设置搜索的剪贴画的媒体文件类型。

◆ 在中间的列表框中将显示搜索到的剪贴画列表。

◆ 单击"管理剪辑"超级链接将打开如图 8-58 所示的"Microsoft 剪辑管理器"对话框。

图 8-58 剪辑管理器

◆ 单击"Office 网上剪辑"超级链接可从 Office Online 网站上下载更多的剪贴画。

③ 在"搜索文字"文本框中输入关键词"庆祝"并单击 搜索 按钮，搜索结果将在下方的列表框中显示，如图 8-59 所示。

④ 将鼠标指针移动到要插入的剪贴画上，此时在剪贴画右侧将出现一个下拉箭头，单击该箭头，在弹出的下拉菜单中选择"插入"菜单命令，如图 8-60 所示，即可将该剪贴画插入文档。

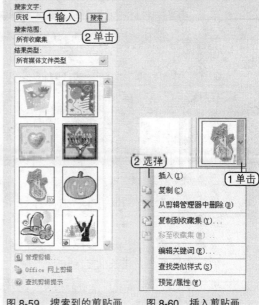

图 8-59 搜索到的剪贴画 　　图 8-60 插入剪贴画

☀ **操作提示**

在"搜索文字"文本框中键入文件名时可以使用通配符"？"和"*"代替文字。

8.3.3 处理图片和剪贴画

处理图片和剪贴画是在"图片"工具栏中实现的，具体包括改变图片效果、裁剪图片、设置图片透明区域以及压缩图片等。打开或隐藏"图片"工具栏的方法为选择【视图】→【工具栏】→【图片】菜单命令。"图片"工具栏如图8-61所示。其各按钮的作用如下。

图8-61 "图片"工具栏

◆ 单击"插入图片"按钮 可以插入另一张图片代替当前图片。

◆ 单击"颜色"按钮 可以为图片添加"灰度"、"黑白"以及"冲蚀"等视觉效果。

◆ 单击"增加对比度"按钮 或"降低对比度"按钮 可以增加或降低图片对比度。

◆ 单击"增加亮度"按钮 或"降低亮度"按钮 可以增加或降低图片亮度。

◆ 单击"裁剪"按钮 可以对图片进行裁剪操作。

◆ 单击"向左旋转90°"按钮 可以使图像向左旋转90°。

◆ 单击"线型"按钮 可以为图像边框选择线型。

◆ 单击"压缩"按钮 可以在打开的对话框中设置图片的压缩选项。

◆ 单击"文字环绕"按钮 可以为图片设置文字环绕方式。

◆ 单击"设置图片格式"按钮 可以在打开的对话框中设置图片的各种格式。

◆ 单击"设置透明色"按钮 可以设置图片的透明效果。

◆ 单击"重设图片"按钮 可以撤消所有对图片的更改。

1. 改变图片效果

改变图片效果指改变图片颜色、对比度和亮度。下面在"图片"文档中改变图片效果。

① 打开"图片"文档（光盘:\素材\第8章），单击选择文档中的图片，此时将自动显示出"图片"工具栏，若没有显示，可选择【视图】→【工具栏】→【图片】菜单命令，如图8-62所示。

图8-62 显示"图片"工具栏

② 单击"图片"工具栏中的"颜色"按钮 ，在弹出的下拉菜单中选择"冲蚀"菜单命令，效果如图8-63所示。

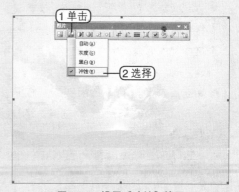

图8-63 设置"冲蚀"效果

③ 单击"重设图片"按钮 复原图片，单击"增加对比度"按钮 5次，效果如图8-64所示。

④ 单击"重设图片"按钮 复原图片，单击"降低对比度"按钮 5次，效果如图8-65所示。

图 8-64 增加对比度后的效果

图 8-65 降低对比度后的效果

⑤ 单击"重设图片"按钮复原图片，单击"增加亮度"按钮5次，效果如图8-66所示。

⑥ 单击"重设图片"按钮复原图片，单击"降低亮度"按钮5次，效果如图8-67所示。

图 8-66 增加亮度后的效果

图 8-67 降低亮度后的效果

☀ 操作提示

本例多次单击"重设图片"按钮是为了将图片恢复到原有状态，使设置效果更加明显。

2．裁剪图片

当文档中的图片存在冗余部分需要去除时就可以对其进行裁剪。需要注意的是裁剪图片不会影响图片其他部分的比例。下面在"图片"文档中对图片进行裁剪。

① 打开"图片"文档（光盘：\素材\第8章），单击选择文档中的图片，单击"图片"工具栏中的"裁剪"按钮，此时鼠标光标变成形状，如图8-68所示。

图 8-68 单击"裁剪"按钮

2 将鼠标光标移动到图片右侧边框上的控点上，当鼠标光标变为┣形状时按住左键向左拖动即可对图片进行裁剪，效果如图 8-69 所示。

图 8-69　裁剪图片后的效果

3 单击"重设图片"按钮🖼复原图片，单击"裁剪"按钮┣，按住【Ctrl】键不放，然后拖动鼠标对图片右侧进行裁剪，此时将对称裁剪图片两侧，效果如图 8-70 所示。

图 8-70　对称裁剪图片两侧的效果

4 单击"重设图片"按钮🖼复原图片，单击"裁剪"按钮┣，按住【Ctrl】键不放，将鼠标光标移动到右下角的控点上，当其变为┛形状时向左上拖动即可同时对 4 边进行裁剪，效果如图 8-71 所示。

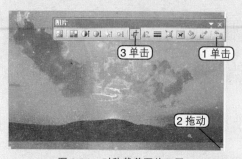

图 8-71　对称裁剪图片四周

3．设置图片透明区域

单击"设置透明色"按钮✏后可以将图片中所有与鼠标光标所在区域的颜色相同的颜色设置为透明。下面在"图片"文档中设置图片透明区域。

1 打开"图片"文档（光盘 \ 素材 \ 第 8 章），单击选择文档中的图片，单击"图片"工具栏中的"设置透明色"按钮✏，此时鼠标光标变成✏形状，如图 8-72 所示。

图 8-72　裁剪图片

2 将鼠标光标移动到图片中山脉所在的位置单击即可在图片中创建一个透明区域，效果如图 8-73 所示。

4．压缩图片

单击"图片"工具栏中的"压缩图片"按钮▨将打开如图 8-74 所示的"压缩图片"对话框。

图 8-73 设置透明区域效果

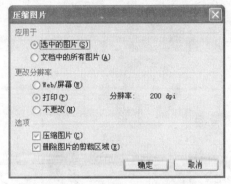

图 8-74 "压缩图片"对话框

该对话框中各选项的作用如下。

◆ 在"应用于"栏中选中"选中的图片"
单选项时只对选择的图片进行压缩;
选中"文档中的所有图片"单选项时
将对文档中所有的图片进行压缩。

◆ 在"更改分辨率"栏中选中"Web/ 屏
幕"单选项时指图片用于显示;选中
"打印"单选项时指图片用于打印;选
中"不更改"单选项时不进行压缩。

◆ 在"选项"栏中选中"压缩图片"对话
框的"删除图片的剪裁区域"复选框时
将彻底删除被裁剪部分,不可恢复。

◆ 单击 确定 按钮后将打开如图 8-75 所
示的"压缩图片"确认对话框,此时单
击 应用(A) 按钮即可完成对图片的压缩。

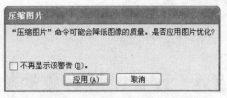

图 8-75 "压缩图片"确认对话框

☀ **操作提示**

如果在压缩图片时执行了"Web/ 屏幕"、"打印"或
"删除图片的裁剪区域"操作其中之一,那么再次单
击"重设图片"按钮 将无效。

8.3.4 自测练习及解题思路

1. 测试题目

第 1 题 在"贺卡"文档中压缩背景图片,
选择分辨率为 Web/ 屏幕。

第 2 题 将文档中图形的亮度和对比度设
为 75%。

第 3 题 在"贺卡"文档中对图形进行裁剪。

第 4 题 将文档中的图形颜色更改为黑白。

备注:使用"贺卡 .doc"(光盘:\ 素材 \ 第
8 章)作为练习环境。

2. 解题思路

第 1 题 单击"图片"工具栏中的"压缩
图片"按钮,在打开的"压缩图片"对话框中
选中"Web/ 屏幕"单选项,应用设置。

第 2 题 选择要更改亮度和对比度的图
形,单击"设置图片格式"按钮,在打开的"设
置图片格式"对话框中单击"图片"选项卡,
在其中设置亮度和对比度即可。注意该考题不
能直接通过单击"图片"工具栏中的按钮实现。

第 3 题 选择图形并打开"图片"工具栏,
单击"裁剪"按钮,将鼠标光标移动到图片边

缘，按住鼠标不放并拖动即可。

第 4 题　选择图形，在"图片"工具栏中

单击"颜色"按钮，选择"黑白"。

8.4　设置图形对象的格式

考点分析：这也是一常考内容，出题方式也比较简单。考题有时会将几个知识点结合起来考查，考生应学会灵活运用。

学习建议：熟练掌握图形颜色和线条的设置方法、精确设置图形的大小和位置，以及阴影和三维样式的设置。

8.4.1　设置颜色和线条

图形对象是指利用"绘图"工具栏绘制的各种图形对象，以及插入的图片、剪贴画和艺术字等对象。设置图形对象的颜色和线条包括设置线条颜色、设置线条线型和箭头样式、以及为自选图形设置填充颜色、透明度或填充图案。下面将以自选图形为例进行讲解。

1．设置线条颜色

设置线条颜色即设置自选图形的边框线条的颜色，其方法为：在"绘图"工具栏中单击"线条颜色"按钮，弹出如图 8-76 所示的下拉菜单，可进行如下 3 种操作：

图 8-76　设置线条颜色

◆ 在颜色列表框中单击选择一种颜色即

可将选择的图形线条设置为该颜色。

◆ 选择"其他线条颜色"菜单命令，将打开如图 8-77 所示的"颜色"对话框，在其中可以选择更多的标准色，然后单击 确定 按钮。

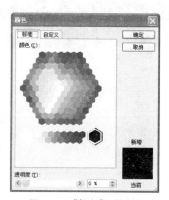

图 8-77　"颜色"对话框

◆ 选择"带图案线条"菜单命令，将打开"带图案线条"对话框，在其中可以为线条选择不同前景色和背景色的图案。

2．设置线条线型和箭头样式

根据需要可以设置自选图形线条的线型和虚线线型，对于直线和箭头图形还可以设置箭头样式，在设置前需要选择要进行更改的图形，然后分别进行以下几种操作。

◆ 单击"绘图"工具栏中的"线型"按钮，在弹出的如图 8-78 所示的线条列表框中选择需要的线型宽度，若选择"其他线条"菜单命令，可以在打开的对话框中进行详细设置。

◆ 如果要更改为虚线线型，可单击"绘图"工具栏中的"虚线线型"按钮 ▦，在弹出的如图 8-79 所示的虚线列表框中选择需要的虚线线型即可。

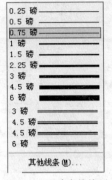

图 8-78　更改实线线型　　图 8-79　更改虚线线型

◆ 如果要更改箭头样式，单击"绘图"工具栏中的"箭头样式"按钮 ▦，在弹出的如图 8-80 所示的箭头列表框中选择需要的箭头样式即可。

3．设置填充颜色、透明度或填充图案

在 Word 2003 中只能为包含面积的自选图形设置填充颜色、透明度或填充图案，其方法为单击"绘图"工具栏中的"填充颜色"按钮 ⬛，将弹出如图 8-81 所示的下拉菜单，可进行如下几种操作。

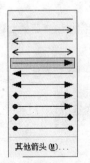

图 8-80　更改箭头样式　　图 8-81　设置填充颜色

◆ 在颜色列表框中单击任意一种颜色即可为自选图形设置该颜色的填充色。

◆ 选择"其他填充颜色"菜单命令，将打开"颜色"对话框，在其中可以选择更多的标准色为自选图形填充。

◆ 选择"填充效果"菜单命令，将打开"填充效果"对话框，在其中可以为自选图形设置渐变、纹理、图案和图片填充。

下面为"填充自选图形"文档中的 3 个矩形分别设置黑白双色渐变、褐色大理石纹理和横虚线图案填充。

1️⃣ 打开"填充自选图形"文档（光盘:\素材\第8章），选择左上角的矩形，单击"绘图"工具栏中的"填充颜色"按钮 ⬛，在弹出的菜单中选择"填充效果"菜单命令，如图 8-82 所示。

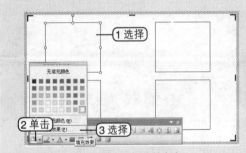

图 8-82　选择菜单命令

2️⃣ 在打开的"填充效果"对话框中单击"渐变"选项卡，在"颜色"栏中选中"双色"单选按钮，分别在"颜色1"和"颜色2"下拉列表框中选择"白色"和"黑色"选项，在"底纹样式"栏中选中"水平"单选项，如图 8-83 所示。

3️⃣ 单击 确定 按钮，设置渐变填充后的效果如图 8-84 所示。选择右上角的矩形，用同样的方法打开"填充效果"对话框。

4️⃣ 单击"纹理"选项卡，在"纹理"列表框中选择"褐色大理石"选项，此时在对话框右下角将显示关于该纹理的预览，如图 8-85 所示，单击 确定 按钮后的效果如图 8-86 所示。

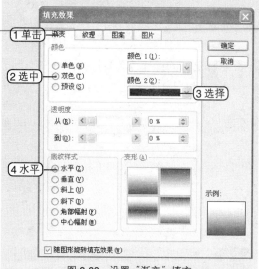

图 8-83 设置"渐变"填充

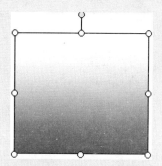

图 8-84 "渐变"填充效果

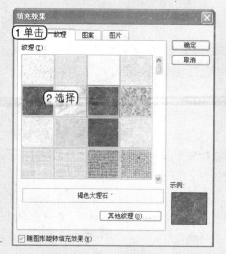

图 8-85 设置"纹理"填充

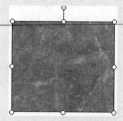

图 8-86 "纹理"填充效果

⑤ 选择左下角的矩形,打开"填充效果"对话框并单击"图案"选项卡。

⑥ 在"图案"列表框中选择"横虚线"选项,在"前景"下拉列表框中选择"红色"选项,此时在对话框右下角将显示关于该纹理的预览,如图 8-87 所示。

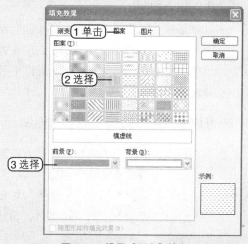

图 8-87 设置"图案"填充

⑦ 单击 确定 按钮,完成设置后的文档效果如图 8-88 所示。

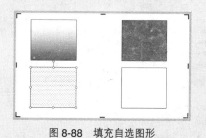

图 8-88 填充自选图形

8.4.2 精确设置图形的大小和位置

前文已经讲解过，使用鼠标拖动图形四周的控点可以改变图形的大小；使用鼠标拖动图形可以设置图形位置。而要精确设置图形的大小和位置需要通过如图 8-89 所示的"设置自选图形格式"对话框进行。打开"设置自选图形格式"对话框有如下几种方法。

方法 1：在自选图形上单击鼠标右键，在弹出的快捷操菜单中选择【设置自选图形格式】菜单命令。

方法 2：选择要设置的自选图形后选择【格式】→【自选图形】菜单命令。

方法 3：双击自选图形。

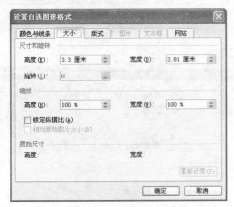

图 8-89 "设置自选图形格式"对话框

在"设置自选图形格式"对话框中设置图形的大小和位置有如下几种操作：

◆ 在"大小"选项卡的"尺寸和旋转"栏中的"高度"和"宽度"数值框中输入需要的数值可以设置自选图形的绝对大小。

◆ 在"旋转"数值框中输入需要的数值可以设置自选图形的旋转角度，需要注意的是此时图形是以顺时针方向进行旋转的。

◆ 在"缩放"栏的"高度"和"宽度"数值框中输入需要的数值可以设置自选图形相对于原始大小的比例，选中"锁定纵横比"复选框可以保证在调整大小时保持原有纵横比。

◆ 单击"版式"选项卡，可以对在绘图画布中的图形选择参考点并输入相对于参考点的位置。

下面在"叠放"文档中将红色自选图形设置为原大小的 50%，在画布上的位置为相对于左上角水平 3 厘米，垂直 2 厘米。

1️⃣ 打开"叠放"文档（光盘:\素材\第 8 章），单击鼠标左键选择红色自选图形，然后在其上单击鼠标右键，在弹出的快捷菜单中选择"设置自选图形格式"菜单命令，如图 8-90 所示。

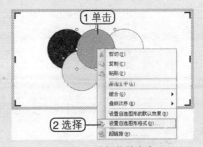

图 8-90 选择菜单命令

2️⃣ 在打开的"设置自选图形格式"对话框中单击"大小"选项卡，分别在"缩放"栏的"高度"和"宽度"数值框中输入"50%"，如图 8-91 所示。

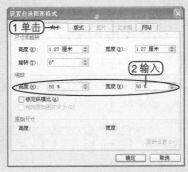

图 8-91 精确设置自选图形大小

③ 单击"版式"选项卡，分别在"在画布上的位置"栏的"水平"和"垂直"数值框中输入"3厘米"和"2厘米"，分别在其对应的"相对于"下拉列表框中选择"左上角"选项，如图8-92所示，单击 确定 按钮后的效果如图8-93所示。

图 8-92　精确设置自选图形位置

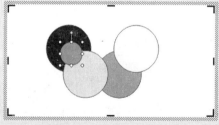

图 8-93　精确设置自选图形大小和位置的效果

8.4.3　设置图形的环绕方式

设置图形的环绕方式有为在绘图画布上的图形设置环绕方式和为不在绘图画布上的图形设置环绕方式两种。前者是为画布设置环绕方式，而后者是为图形设置环绕方式。

下面在"叠放"文档中为绘图画布中的图形设置环绕方式为"浮于文字上方"，并设置其水平对齐方式为"居中"。

① 打开"叠放"文档（光盘\素材\第8章），拖曳鼠标选择文档中的绘图画布，选择【格式】→【绘图画布】菜单命令，如图8-94所示。

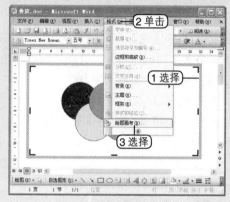

图 8-94　选择菜单命令

② 在打开的"设置绘图画布格式"对话框中单击"版式"选项卡。

③ 在"环绕方式"栏中选择"浮于文字上方"选项，在"水平对齐方式"栏下选中"居中"单选项，如图8-95所示。

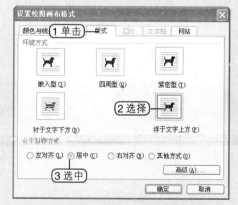

图 8-95　设置环绕方式为"浮于文字上方"

④ 单击 确定 按钮即可完成对绘图画布中自选图形环绕方式的设置。

下面为不在绘图画布中的自选图形设置环绕方式为"四周型"，水平对齐方式为"居中"。

[1] 选择要设置环绕方式自选图形，选择【格式】→【自选图形】菜单命令，如图8-96所示。

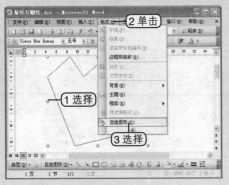

图 8-96　选择菜单命令

[2] 在打开的"设置自选图形格式"对话框中单击"版式"选项卡。

[3] 在"环绕方式"栏下选择"四周型"选项，在"水平对齐方式"栏下选中"居中"单选项，如图8-97所示，单击 确定 按钮，完成对自选图形的环绕方式的设置。

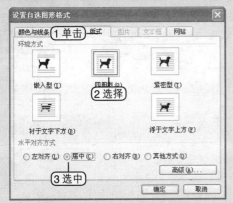

图 8-97　设置环绕方式为"四周型"

8.4.4　设置图形的阴影和三维样式

下面讲解设置图形的阴影和三维样式的方法。

1．设置图形阴影

下面为"阴影样式"文档中的自选图形设

置阴影样式为"阴影样式6"并进行调整。

[1] 打开"阴影样式"文档（光盘:\素材\第8章），选择文档中的自选图形。

[2] 单击"绘图"工具栏中的"阴影样式"按钮，在弹出的下拉菜单中选择"阴影样式6"选项，如图8-98所示。

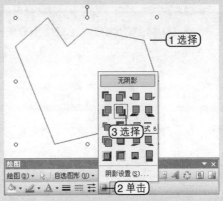

图 8-98　选择阴影样式

[3] 此时将为自选图形添加阴影。

单击"阴影样式"按钮，在弹出的下拉菜单中选择"阴影设置"菜单命令，打开如图8-99所示的"阴影设置"工具栏，可进行如下操作。

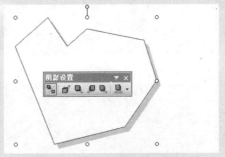

图 8-99　打开"阴影设置"工具栏

◆ 单击"设置/取消阴影"按钮可以为选择的自选图形设置或取消阴影样式。

◆ 单击"略向上移"按钮可将自选图形的阴影向上移动一个最小距离。

◆ 单击"略向下移"按钮 █ 可将自选图形的阴影向下移动一个最小距离。

◆ 单击"略向左移"按钮 █ 可将自选图形的阴影向左移动一个最小距离。

◆ 单击"略向右移"按钮 █ 可将自选图形的阴影向右移动一个最小距离。

◆ 单击"阴影颜色"按钮 █ · 可在弹出的下拉菜单中设置阴影颜色，如图 8-100 所示。

图 8-100　设置阴影颜色

④ 在"阴影设置"工具栏中分别单击"略向下移"按钮 █ 和"略向右移"按钮 █ 5 次，效果如图 8-101 所示。

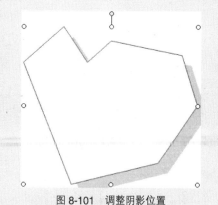

图 8-101　调整阴影位置

⑤ 单击"阴影颜色"按钮 █ · ，在打开的菜单中选择"红色"选项将阴影颜色更改为红色，效果如图 8-102 所示。

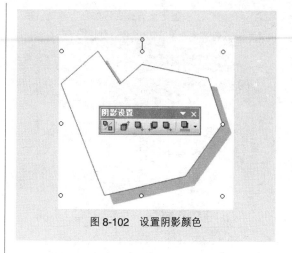

图 8-102　设置阴影颜色

2．设置图形三维样式

下面为"三维样式"文档中的自选图形设置三维样式为"三维样式 11"并进行调整。

① 打开"三维样式"文档（光盘 \ 素材 \ 第 8 章），选择文档中的自选图形。

② 单击"绘图"工具栏中的"三维效果样式"按钮 █ ，在弹出的下拉菜单中选择"三维样式 11"选项，如图 8-103 所示。

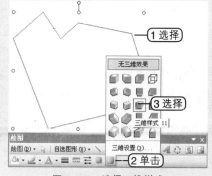

图 8-103　选择三维样式

③ 此时自选图形将被添加三维效果样式。再次单击"三维效果样式"按钮 █ ，在弹出的下拉菜单中选择"三维设置"菜单命令，将打开如图 8-104 所示的"三维设置"工具栏，可进行如下一些操作。

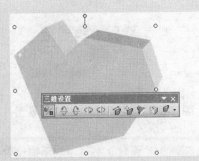

图 8-104　打开"三维设置"工具栏

◆ 单击"设置 / 取消三维效果"按钮可以为选择的自选图形设置或取消三维效果样式。

◆ 单击"下俯"按钮可将自选图形的三维效果样式以中心为轴向下转动。

◆ 单击"上翘"按钮可将自选图形的三维效果样式以中心为轴向上转动。

◆ 单击"左偏"按钮可将自选图形的三维效果样式以中心为轴向左转动。

◆ 单击"右偏"按钮可将自选图形的三维效果样式以中心为轴向右转动。

◆ 单击"深度"按钮可在弹出的如图 8-105 所示的下拉菜单中为三维效果样式设置深度。

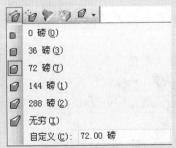

图 8-105　设置三维效果样式的深度

◆ 单击"方向"按钮可在弹出的如图 8-106 所示的下拉菜单中为三维效果样式设置方向。

图 8-106　设置三维效果样式的方向

◆ 单击"照明角度"按钮可在弹出的如图 8-107 所示的下拉菜单中为三维效果样式设置照明角度和照明强度。

图 8-107　设置三维效果样式的照明角度和强度

◆ 单击"表面效果"按钮可在弹出的如图 8-108 所示的下拉菜单中为三维效果样式设置表面效果。

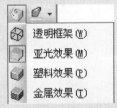

图 8-108　设置三维效果样式的表面效果

◆ 单击"三维颜色"按钮可在弹出的如图 8-109 所示的下拉菜单中为三维效果样式设置颜色。

4 在"阴影设置"工具栏中分别单击"下俯"按钮和"左偏"按钮 5 次,效果如图 8-110 所示。

图 8-109　设置三维效果样式的颜色

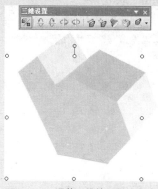

图 8-110　调整三维效果样式角度

5 单击"照明角度"按钮，在打开的菜单中选择"普通"选项。

6 单击"表面效果"按钮，在弹出的下拉菜单中选择"金属效果"选项。

7 单击"三维颜色"按钮，在弹出的下拉菜单中选择"鲜绿"选项，完成设置后的三维效果样式如图 8-111 所示。

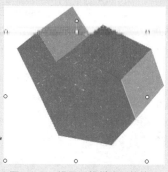

图 8-111　设置三维样式后的效果

8.4.5　自测练习及解题思路

1．测试题目

第 1 题　将"贺卡"文档中的背景图片调整为原大小的 80%。

第 2 题　为"叠放"文档中的图形设置阴影为"阴影样式 14"。

第 3 题　为"叠放"文档中的图形设置三维效果样式为"三维样式 8"，并将其颜色设置为黑色。

第 4 题　将"叠放"文档中的红色圆形更改为蓝色。

2．解题思路

第 1 题　双击该图片，在打开的"设置图片格式"对话框中单击"大小"选项卡，分别在"缩放"栏的"高度"和"宽度"数值框中输入"80%"，应用设置。

第 2 题　选择要设置阴影的图形，单击"绘图"工具栏中的"阴影样式"按钮，选择"阴影样式 14"选项。

第 3 题　选择要设置阴影的图形，单击"绘图"工具栏中的"三维效果样式"按钮，选择"三维样式 8"选项，单击"三维颜色"按钮，设置颜色为黑色。

第 4 题　选择红色圆形，单击"绘图"工具栏中的"填充颜色"按钮，选择蓝色。

8.5　添加艺术字

考点分析：艺术字也是一常考的知识点，其中以插入艺术字的命题几率最高，考法也很简单。但要注意考题有时会要求设置字体等格式，有时会要求更改艺术字的样式。

学习建议：熟练掌握插入艺术字与更改艺术字的方法，对于其他编辑艺术字的方法可做一定的了解。

8.5.1 插入艺术字

下面在"贺卡"文档中插入楷体、60号并加粗的艺术字"新年快乐"。

1️⃣ 打开"贺卡"文档（光盘:\素材\第8章），将鼠标光标定位到需要插入艺术字的位置，然后选择【插入】→【图片】→【艺术字】菜单命令，如图8-112所示，或在"绘图"工具栏中单击"插入艺术字"按钮。

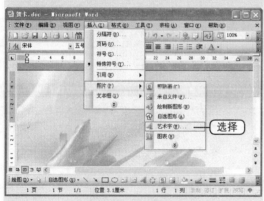

图 8-112 选择菜单命令

2️⃣ 在打开的"艺术字库"对话框中选择第1行第3种艺术字样式，如图8-113所示，单击 确定 按钮。

3️⃣ 在打开的"编辑'艺术字'文字"对话框中的"字体"下拉列表框中选择"楷体_GB2312"选项，在"字号"下拉列表框中选择"60"选项，单击"加粗"按钮B，在下方的"文字"文本框中输入"新年快乐"，如图8-114所示。

4️⃣ 单击 确定 按钮，即可在文档中插入艺术字"新年快乐"，如图8-115所示。

图 8-113 选择艺术字样式

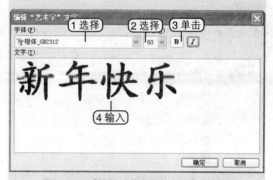

图 8-114 "编辑'艺术字'文字"对话框

图 8-115 插入艺术字后的效果

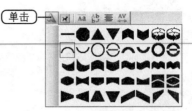

图 8-117 艺术字形状下拉列表

图 8-118 文字环绕方式下拉列表

在编辑艺术字内容时也可先输入艺术字文本，再选择字体和字号等。

8.5.2 编辑艺术字

选择插入的艺术字或选择【视图】→【工具栏】→【艺术字】菜单命令，将显示如图 8-116 所示的"艺术字"工具栏。

图 8-116 "艺术字"工具栏

该工具栏中各按钮的作用如下。

◆单击"插入艺术字"按钮 将打开"艺术字库"对话框，选择艺术字样式后输入内容即可插入新的艺术字。

◆单击"编辑文字"按钮 将打开"编辑'艺术字'文字"对话框，对当前所选的艺术字的字体、字号、加粗、倾斜和文字内容进行编辑。

◆单击"艺术字库"按钮 将打开"艺术字库"对话框，为当前所选的艺术字更改样式。

◆单击"设置艺术字格式"按钮 将打开"设置艺术字格式"对话框，在其中可对艺术字的线条颜色、尺寸以及文字环绕方式进行设置。

◆单击"艺术字形状"按钮 将弹出如图 8-117 所示的下拉列表，在其中可以为艺术字选择形状。

◆单击"文字环绕"按钮 将弹出如图 8-118 所示的文字环绕方式下拉列表，在其中可以为艺术字选择文字环绕方式。

◆单击"艺术字字母高度相同"按钮 可将艺术字中所含的所有字符高度设置为相同。

◆单击"艺术字竖排文字"按钮 可设置艺术字中文字的横排或竖排。

◆单击"艺术字对齐方式"按钮 ，可在弹出的如图 8-119 所示的对齐方式下拉列表中为艺术字设置文字对齐方式。

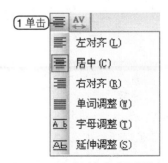

图 8-119 文字对齐方式下拉列表

◆单击"艺术字字符间距"按钮 ，可在弹出的如图 8-120 所示的字符间距下拉列表中为艺术字字符设置间距。

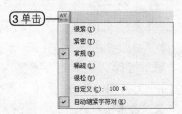

图 8-120 字符间距下拉列表

　　下面将"贺卡"文档中添加的艺术字更改文字颜色为红色、设置其形状为"腰鼓"形、文字环绕方式为"浮于文字上方"、字符间距为"很松"。

　　1 选择在"贺卡"文档中插入的艺术字"新年快乐",在出现的"艺术字"工具栏中单击"设置艺术字格式"按钮。

　　2 在打开的"设置艺术字格式"对话框中单击"颜色与线条"选项卡。在"填充"栏下的"颜色"下拉列表框中选择"红色"选项,在"线条"栏下的"颜色"下拉列表框中选择"无线条颜色"选项,如图 8-121 所示。

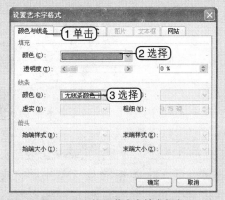

图 8-121 设置艺术字填充颜色

　　3 单击 确定 按钮,关闭"设置艺术字格式"对话框返回文档编辑状态,在"艺术字"工具栏中单击"艺术字形状"按钮,在弹出的下拉列表中选择"腰鼓"选项,如图 8-122 所示。

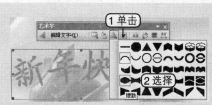

图 8-122 设置艺术字形状

　　4 单击"艺术字"工具栏中的"文字环绕"按钮,在弹出的文字环绕下拉列表中选择"浮于文字上方"选项,如图 8-123 所示。

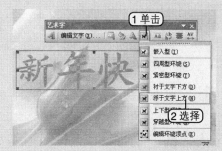

图 8-123 设置文字环绕方式

　　5 单击"艺术字"工具栏中的"艺术字字符间距"按钮,在弹出的艺术字字符间距下拉列表中选择"很松"选项,如图 8-124 所示,完成设置后的艺术字效果如图 8-125 所示。

图 8-124 设置艺术字字符间距

图 8-125 编辑艺术字后的效果

8.5.3　自测练习及解题思路

1．测试题目

第1题　利用"艺术字"工具栏，将当前艺术字文字更改为"祝你新春快乐"。

第2题　将艺术字排列方式更改为竖排文字，并设置对齐方式为延伸调整。

第3题　利用艺术字工具栏将当前艺术字文字的环绕方式设置为紧密型。

第4题　为艺术字设置三维效果，设置为三维样式3，并设置照明角度为左上角，明亮程度为普通。

备注：使用"贺卡.doc"（光盘 :\素材\第8章）作为练习环境。

2．解题思路

第1题　选择文档中的艺术字，在出现的"艺术字"工具栏中单击"编辑文字"按钮，在打开的"编辑'艺术字'文字"对话框中将文字更改为"祝你新春快乐"即可。

第2题　选择文档中的艺术字，在出现的"艺术字"工具栏中单击"艺术字竖排文字"按钮，单击"艺术字对齐方式"按钮，在弹出的菜单中选择"延伸调整"选项。

第3题　选择文档中的艺术字，在出现的"艺术字"工具栏中单击"文字环绕"按钮，在弹出的菜单中选择"紧密型"选项。

第4题　选择文档中的艺术字，在"绘图"工具栏中单击"三维效果样式"按钮，在弹出的菜单中选择"三维样式3"选项，再选择【三维效果样式】→【三维设置】菜单命令，打开"三维设置"工具栏，将照明角度设置为左上角，明亮程度设置为普通。

8.6　添加文本框

考点分析：考题主要集中在插入一个横排或竖排空白文本框，有时会要求在其中输入指定内容。关于文本框的设置，有时也会考查其中一两个操作，为了避免丢分，考生也要注意掌握。

学习建议：熟练掌握文本框的插入和设置格式的方法。

8.6.1　插入文本框

文本框分为横排文本框和竖排文本框两种，但其插入方法相同。

在文档中插入空白文本框有如下两种方法。

方法1：定位鼠标光标后在"绘图"工具栏中单击"文本框"按钮▣或"竖排文本框"按钮▣。

方法2：选择【插入】→【文本框】→【横排】/【竖排】菜单命令。

执行以上任一种操作后都将出现绘图画布，在要插入文本框的位置单击并拖曳鼠标至适当大小，释放鼠标左键即可插入文本框。

若要为选择的文本添加文本框，有如下两种方法。

方法1：选择要添加的文本，在"绘图"工具栏中单击"文本框"按钮▣或"竖排文本框"按钮▣。

方法2：选择要添加的文本，选择【插入】→【文本框】→【横排】/【竖排】菜单命令。

操作提示

移动和调整文本框的方法与移动、调整图形对象的方法相同。在"常用"工具栏中单击"更改文字方向"按钮 可以使文本框中的文字在横排和竖排之间转换。

8.6.2 设置文本框格式

设置文本框格式是在"设置文本框格式"对话框中进行的，打开该对话框有如下两种方法。

方法1：先选择文本框，然后双击文本框边框。

方法2：选择文本框后单击鼠标右键，在弹出的快捷菜单中选择"设置文本框格式"命令。

方法3：选择文本框后再选择【格式】→【文本框】菜单命令。

在"设置文本框格式"对话框中可进行如下一些操作。

◆ 单击"颜色和线条"选项卡，在"填充"栏的"颜色"下拉列表框中可以为文本框选择填充颜色；在"线条"栏中可以为文本框设置边框颜色、线型，以及粗细等参数，如图8-126所示。

图8-126 设置文本框的颜色和线条

◆ 单击"大小"选项卡，在"尺寸和旋转"栏中可以为文本框精确设置高度、宽度和旋转角度；在"缩放"栏中可以为文本框精确设置其缩放参数，如图8-127所示。

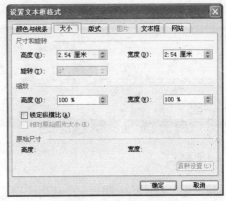

图8-127 设置文本框的大小

◆ 单击"版式"选项卡，在"环绕方式"栏中可以设置文本框的文字环绕方式；在"水平对齐方式"栏中可以设置文本框的水平对齐方式，如图8-128所示。

图8-128 设置文本框的水平对齐方式

◆ 单击"文本框"选项卡，在"内部边距"栏中可以精确设置文本框的内部边距，如图8-129所示。

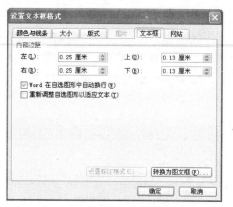

图 8-129　设置文本框的内部边距

8.6.3　自测练习及解题思路

1. 测试题目

第 1 题　在文档中插入一个横排的空文本框，然后输入内容"Word 2003"。

第 2 题　为第 1 题中插入的文本框填充颜色，要求填充色为红色。

第 3 题　为第 2 题中插入的文本框设置内部文字边距，要求文本框上下边与文字的距离为 0.5 厘米。

2. 解题思路

第 1 题　选择【插入】→【文本框】→【横排】菜单命令，插入一个横排文本框，单击输入文字"Word 2003"。

第 2 题　用右键菜单打开"设置文本框格式"对话框，单击"颜色与线条"选项卡，在"填充"栏的"颜色"下拉列表框中选择"红色"选项，应用设置。

第 3 题　选择文本框后选择【格式】→【文本框】菜单命令，在打开的对话框中单击"文本框"选项卡，分别在"上"和"下"数值框中输入"0.5 厘米"，应用设置。

8.7　添加图示

考点分析：本节知识点较少，考点也比较少，一般会出现 1 ～ 2 道题，考题会要求插入组织结构图和循环图等图示，考生只需掌握其插入方法，得分也就比较容易。

学习建议：掌握组织结构图的插入方法，熟悉其他图示的插入方法。

图示是 Word 特有的一种能简洁生动地说明概念或事物关系的表达方式，包括组织结构图、循环图、射线图、棱锥图、维恩图和目标图 6 种。

8.7.1　插入组织结构图

下面为"组织结构图"文档插入并编辑组织结构图。

1 打开"组织结构图"文档（光盘\素材\第 8 章），在"绘图"工具栏中单击"插入组织结构图或其他图示"按钮。

2 在打开的"图示库"对话框中选择要插入的图示类型，这里选择"组织结构图"选项，如图 8-130 所示，单击 确定 按钮。

图 8-130　选择要插入的组织结构图类型

③ 此时在文档中将插入一个基本组织结构图并显示如图 8-131 所示的"组织结构图"工具栏。

图 8-131 "组织结构图"工具栏

该工具栏中各按钮作用如下。

◆ 单击"插入形状"按钮，在弹出的如图 8-132 所示的下拉菜单中可以选择插入"下属"、"同事"、"助手"3 种不同类型形状。

◆ 单击"版式"按钮，在弹出的如图 8-133 所示的下拉菜单中可以选择组织结构图的 4 种版式或自动版式。

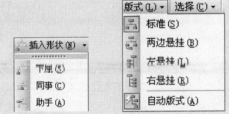

图 8-132 选择插入形状　图 8-133 选择版式

◆ 单击"选择"按钮，在弹出的如图 8-134 所示的下拉菜单中可以快速选择组织结构图中的级别、分支、所有助手以及所有连接线 4 种组件。

◆ 单击"自动套用格式"按钮，将打开"组织结构图样式库"对话框，在左侧的"选择图示样式"列表框中可以选择快速套用的格式。

◆ 单击"文字环绕"按钮，将弹出如图 8-135 所示的下拉菜单，在其中可以为组织结构图设置文字环绕方式。

◆ 单击"显示比例"按钮，在弹出的下拉菜单中可以选择组织结构图的显示比例或自行输入需要的比例。

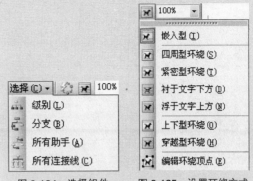

图 8-134 选择组件　图 8-135 设置环绕方式

④ 在文档最上面的图形中单击鼠标左键定位文本插入点，输入文本"董事会"，如图 8-136 所示。

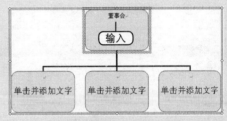

图 8-136 输入文字

⑤ 选择第一个图形，单击"组织结构图"工具栏中的"插入形状"按钮，在弹出的下拉菜单中选择"助手"选项，添加一个图形并在输入文本"秘书处"，如图 8-137 所示。

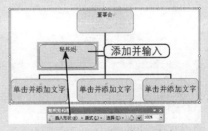

图 8-137 添加助手并输入文字

⑥ 选择第一个图形，单击"组织结构图"工具栏中的"插入形状"按钮，在弹出的下拉菜单中选择"下属"选项，添加一个下属图形，然后分别在其下的几个图形中输入如图 8-138 所示的文字。

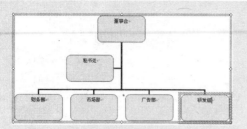

图 8-138　添加下属并输入文字

7 选择组织结构图中的任意图形，单击"组织结构图"工具栏中的"自动套用格式"按钮，打开"组织结构图样式库"对话框，在"选择图示样式"列表框中选择"原色"选项，如图 8-139 所示。

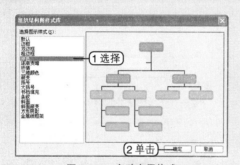

图 8-139　自动套用格式

8 单击 确定 按钮为组织结构图自动套用格式，最终效果如图 8-140 所示。

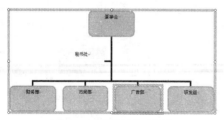

图 8-140　组织结构图效果

8.7.2　插入其他图示

在文档中插入其他图示的方法与插入组织结构图的相似。不同之处在于插入其他图示后将打开如图 8-141 所示的"图示"工具栏。

图 8-141　"图示"工具栏

其各按钮的作用如下。

◆ 单击"插入形状"按钮 可直接在图示中插入一个新的相同形状。

◆ 单击"后移图形"按钮 或"前移图形"按钮 可对图形位置进行调整。

◆ 单击"反转图形"按钮 可将图形进行反转。

◆ 单击"版式"按钮 ，将弹出如图 8-142 所示的下拉菜单，选择菜单命令可更改图示的大小。

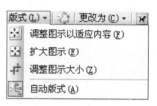

图 8-142　选择版式

◆ 单击"自动套用格式"按钮 ，将打开如图 8-143 所示的"图示样式库"对话框，在左侧的"选择图示样式"列表框中可以选择快速套用的格式。

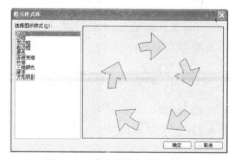

图 8-143　"图示样式库"对话框

◆ 单击"更改为"按钮 ，将弹出如图 8-144 所示的下拉菜单，选择菜单命令可将当前图示转换为另一种图示。

❖单击"文字环绕"按钮▣，将弹出如图 8-145 所示的下拉菜单，在其中可以为所选图示设置文字环绕方式。

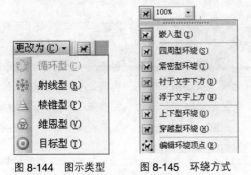

图 8-144　图示类型　　　图 8-145　环绕方式

8.7.3　自测练习及解题思路

1．测试题目

第 1 题　插入一个组织结构图。

第 2 题　为第 1 题中插入的组织结构图自动套用"三维颜色"格式。

2．解题思路

第 1 题　在"绘图"工具栏中单击"插入组织结构图或其他图示"按钮，在打开的"图示库"对话框中选择"组织结构图"选项，应用设置。注意有时需选择【插入】→【图片】→【组织结构图】菜单命令来插入。

第 2 题　选择插入的组织结构图，单击"组织结构图"工具栏中的"自动套用格式"按钮▣，打开"组织结构图样式库"对话框，在"选择图示样式"列表框中选择"三维颜色"选项，应用设置。

8.8　添加图表

考点分析：本节知识点较少，常见的考题是要求插入某种类型的图表。

学习建议：重点掌握图表的插入方法，熟悉图表类型的设置。

8.8.1　插入图表

在 Word 中插入图表有如下两种方法。

方法 1：选择【插入】→【对象】菜单命令，在打开的"对象"对话框的"对象类型"列表框中选择"Microsoft Graph 图表"选项，单击 确定 按钮，如图 8-146 所示。

方法 2：选择【插入】→【图片】→【图表】菜单命令。

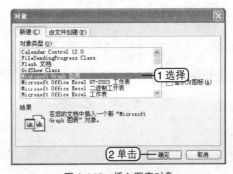

图 8-146　插入图表对象

方法 3：使用已有的表格创建图表，需先选择要使用的表格数据，选择【插入】→【图片】→【图表】菜单命令。

下面在"学生成绩统计表"文档中利用已

有的表格数据创建图表。

1 打开"学生成绩统计表"文档（光盘:\素材\第8章），拖动鼠标选择整个表格，选择【插入】→【图片】→【图表】菜单命令，如图8-147所示。

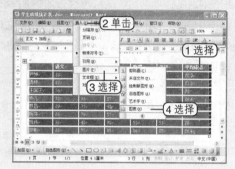

图8-147 选择菜单命令

2 在出现的数据表和图表中将根据表格中原有的数据自动进行显示，如图8-148所示，此时在数据表中可以对数据进行修改，修改结果将立即反映在图表中，完成后在图表和对话框外单击即可。

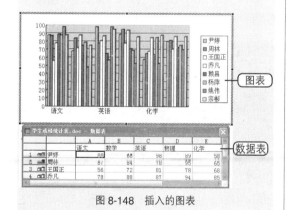

图8-148 插入的图表

8.8.2 选择图表类型

在文档中插入图表后可以将其更改为其他类型，在Word 2003中共提供了14种标准图表类型和20种自定义图表类型。下面在"学

生成绩统计表"文档中将插入的图表更改为标准类型中的"圆柱图"类型。

1 双击图表将其激活，选择【图表】→【图表类型】菜单命令。

2 在打开的"图表类型"对话框中单击"标准类型"选项卡。

3 在"图表类型"列表框中选择"圆柱图"选项，在右侧的"子图表类型"列表框中选择"堆积柱形圆柱图"选项，如图8-149所示，单击对话框下方的 按下不放可查看示例(V) 按钮可预览图表效果。

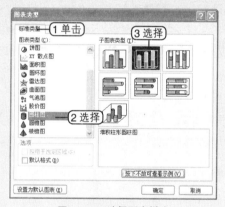

图8-149 选择图表样式

4 完成设置后单击 确定 按钮，即可完成图表类型的更改，最终效果如图8-150所示。

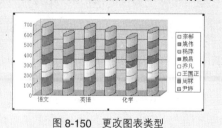

图8-150 更改图表类型

8.8.3 自测练习及解题思路

1. 测试题目

第1题 在当前光标处创建"Microsoft Graph"图表对象，创建时使用默认的表格数据。

第2题　将图表类型更改为"三维堆积柱形图"。

2．解题思路

第1题　选择【插入】→【对象】菜单命令，在打开的"对象"对话框中的"对象类型"列表框中选择"Microsoft Graph 图表"选项，单击 确定 按钮。

第2题　双击图表将其激活，选择【图表】→【图表类型】菜单命令，打开"图表类型"对话框，单击"标准类型"选项卡，在"图表类型"列表框中选择"圆柱图"选项，在右侧"子图表类型"列表框中选择"三维堆积柱形图"选项并单击 确定 按钮。

8.9　添加数学公式

考点分析：本节知识点在考试时出题的几率很少，但考试大纲中要求掌握建立数学公式的基本操作，因而考生也需要掌握插入数学公式及简单修改公式的方法。

学习建议：熟悉数学公式的插入及修改方法即可。

8.9.1　插入数学公式

在 Word 2003 中添加数学公式是在"Microsoft 公式 3.0"中进行的，"Microsoft 公式 3.0"又称为公式编辑器，其功能是制作各种图形状态的数学公式。下面在 Word 文档中插入数学公式。

1 新建一篇 Word 文档，选择【插入】→【对象】菜单命令，在打开的"对象"对话框中单击"新建"选项卡，在"对象类型"列表框中选择"Microsoft 公式 3.0"选项，单击 确定 按钮，如图 8-151 所示。

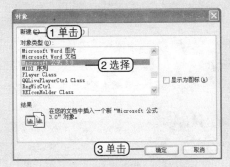

图 8-151　选择要插入的对象

2 此时将打开如图 8-152 所示的"公式"工具栏，单击该工具栏中第 1 行中的按钮可以插入各类符号；单击第 2 行中的按钮可以插入数学模板。

图 8-152　"公式"工具栏

其各公式按钮作用如下。

- 单击"关系符号"按钮 ≤≠≈ 可在弹出的菜单中选择大于号、小于号、全等号以及约等号等关系符号。
- 单击"间距和省略号"按钮 可在弹出的菜单中选择各类间距和省略号。
- 单击"修饰符号"按钮 可在弹出的菜单中选择各类修饰符号。
- 单击"运算符号"按钮 ±·⊗ 可在弹出的菜单中选择加号、减号、乘号以及除号等运算符号。
- 单击"箭头符号"按钮 可在弹出的菜单中选择各类箭头符号。
- 单击"逻辑符号"按钮 ∴∀∃ 可在弹出的菜单中选择因为、所以等逻辑符号。
- 单击"集合论符号"按钮 ∈∩⊂ 可在弹出的菜单中选择包含、被包含以及全包含等集合论符号。

◆ 单击"其他符号"按钮 ∂∞ℓ 可在弹出的菜单中选择无限大等其他符号。

◆ 单击"希腊字母（小写）"按钮 λωθ 可在弹出的菜单中选择输入小写希腊字母。

◆ 单击"希腊字母（大写）"按钮 ΔΩ⊗ 可在弹出的菜单中选择输入大写希腊字母。

◆ 单击"围栏模板"按钮 ⑽⑾ 可在弹出的菜单中选择输入各类围栏模板。

◆ 单击"分式和根式模板"按钮 ⅛√ 可在弹出的菜单中选择输入各类分式和根式模板。

◆ 单击"下标和上标模板"按钮 ▯▯ 可在弹出的菜单中选择输入各类下标和上标模板。

◆ 单击"求和模板"按钮 Σ□ ∑□ 可在弹出的菜单中选择输入各类求和模板。

◆ 单击"积分模板"按钮 ∫□ ∮□ 可在弹出的菜单中选择输入各类积分模板。

◆ 单击"底线和顶线模板"按钮 □ □ 可在弹出的菜单中选择输入各类底线和顶线模板。

◆ 单击"标签箭头模板"按钮 → ← 可在弹出的菜单中选择输入各类标签箭头模板。

◆ 单击"乘积和集合论模板"按钮 Ů Ų 可在弹出的菜单中选择输入各类乘积和集合论模板。

◆ 单击"矩阵模板"按钮 ▦ ▦ 可在弹出的菜单中选择输入各类矩阵模板。

③ 单击"围栏模板"按钮 ⑽⑾，在弹出的菜单中选择第 1 个模板，然后在出现的模板中输入"arcsin"，如图 8-153 所示。

图 8-153　插入"围栏"模板

④ 单击"希腊字母（大写）"按钮 ΔΩ⊗，在弹出的菜单中选择"X"，如图 8-154 所示。

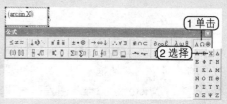

图 8-154　插入大写希腊字母

⑤ 将鼠标光标定位到括号右侧，单击"下标和上标模板"按钮 ▯ ▯，在弹出的菜单中选择第 1 个上标模板，再单击"修饰符号"按钮 ▯▯▯，在弹出的菜单中选择第 2 行第 1 个上标符号，如图 8-155 所示。

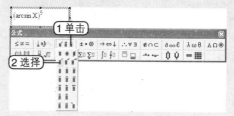

图 8-155　插入上标

⑥ 将鼠标光标定位到上标右侧输入"="号，单击"分式和根式模板"按钮 ⅛√，在弹出的菜单中选择第 1 个模板，在模板上方的文本框中输入数字"1"，如图 8-156 所示。

图 8-156　插入分式模板

⑦ 将鼠标光标定位到分式模板下方的文本框中，单击"分式和根式模板"按钮 ⅛√，在弹出的菜单中选择第 4 行第 1 个根式模板并用步骤 4 的方法输入"1-X"，如图 8-157 所示。

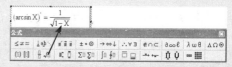

图 8-157　插入根式模板

⑧ 单击"下标和上标模板"按钮 ，在弹出的菜单中选择第1个上标模板并在文本框中输入"2"，在公式外任意位置单击完成数学公式的插入，最终效果如图8-158所示。

$$(\arcsin X)' = \frac{1}{\sqrt{1 - X^2}}$$

图 8-158　插入的数学公式

8.9.2　修改数学公式

要修改数学公式需先双击该公式进入公式编辑状态。在该状态下选择公式中要编辑的元素可对其进行复制、剪切、编辑和删除操作。若要为数学公式手动修改格式，可进行如下几种操作。

◆ 选择【尺寸】→【定义】菜单命令，将打开如图8-159所示的"尺寸"对话框，可对公式中标准文字、上标、下标、次上标、次下标以及其他符号的大小进行设置。

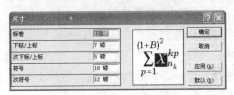

图 8-159　"尺寸"对话框

◆ 选择【格式】→【间距】菜单命令，将打开如图8-160所示的"间距"对话框，可对公式中的行距、矩阵行间距、矩阵列间距、上标高度、下标深度以及极限高度的大小进行设置。

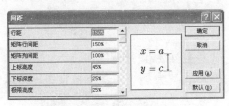

图 8-160　"间距"对话框

◆ 选择【样式】→【定义】菜单命令，将打开如图8-161所示的"样式"对话框，可对公式中的文字字体样式进行设置。

图 8-161　"样式"对话框

8.9.3　自测练习及解题思路

1．测试题目

第1题　在光标处插入一个公式对象。

第2题　制作数学公式 $\sqrt{1-X^2}$ 。

第3题　将第2题数学公式中的上标修改为下标。

2．解题思路

第1题　选择【插入】→【对象】菜单命令，单击"新建"选项卡，在"对象类型"列表框中选择"Microsoft 公式3.0"选项。

第2题　先按第1题的方法进入公式编辑器，先单击 按钮选择根号模板，输入数据后利用 按钮输入上标。

第3题　略。

第 **9** 章 ▸编辑长文档◂

编辑长文档主要包括编辑文档大纲、创建主控文档和子文档，以及使用交叉引用。本章详细讲解了创建、展开和折叠大纲，使用多级符号列表，套用列表样式，创建主控文档，调整与合并子文档，创建脚注和尾注，创建题注，创建交叉引用，使用域，以及创建索引和目录等。通过本章的学习，可使编辑长文档的工作更轻松。

9.1 编辑文档大纲

考点分析：这是常考内容，考查方式是要求使用大纲视图对文档进行浏览，以及对文档中的标题的大纲级别进行升级或者降级。考生只要掌握了相关操作，得分是比较容易的。

学习建议：熟练掌握大纲的创建、展开、折叠和编辑的方法。

9.1.1 创建大纲

在 Word 2003 中，大纲是由不同级别的标题构成的。要在新文档中创建大纲需先选择【视图】→【大纲】菜单命令，切换到大纲视图，分别输入标题文字，并保证每个标题独占一个段落，此时 Word 将自动应用其内置的标题样式并在其段前添加一个圆形大纲符号，依次输入多个标题后即组成该文档的大纲。

在创建大纲时可通过"大纲"工具栏对各级标题进行调整，若没有显示则选择【视图】→【工具栏】→【大纲】菜单命令，打开如图 9-1 所示的"大纲"工具栏。

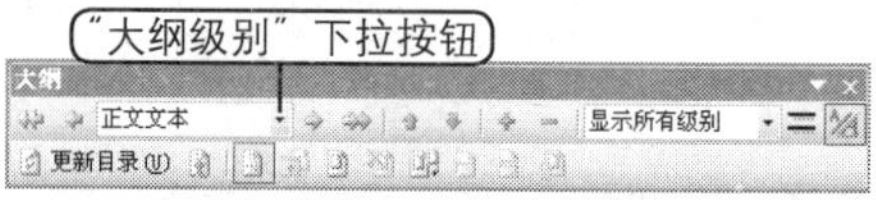

"大纲级别"下拉按钮

图 9-1 "大纲"工具栏

其各主要按钮的作用如下。

◈ 单击"大纲级别"下拉按钮，可以快速选择标题级别。

◈ 单击"提升"按钮⊞或"降低"按钮⊟可将标题级别提升一级或降低一级。

◈ 单击"提升到标题1"按钮⊞或"降为正为文本"按钮⊟可将标题提升为最高标题级别1级或降为正文文本。

◈ 单击"上移"按钮⊞或"下移"按钮⊟可将标题或其下属内容上移或下移一行，但不改变标题级别。

◈ 单击"折叠"按钮⊟或"展开"按钮⊞可以折叠或展开大纲。

◈ 单击"只显示首行"按钮☰将只显示每个文本段落的首行，再次单击可重新显示首行后的文本。

9.1.2　展开和折叠大纲

如果要编辑的文档太长而无法查看清晰的大纲，此时可以通过折叠与展开操作将其中的部分内容隐藏而只显示指定的标题级别。下面对"投标书"文档的大纲进行折叠与展开操作。

1️⃣ 打开"投标书"文档（光盘:\素材\第8章），选择【视图】→【大纲】菜单命令，切换到大纲视图。

2️⃣ 单击需要进行折叠的标题，这里将插入点定位在"第一章　项目调研"标题中，如图9-2所示。

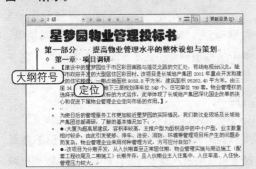

图9-2　定位光标

3️⃣ 单击"大纲"工具栏中的"折叠"按钮⊟，或双击该标题前面的大纲符号⊕，便可对该标题进行折叠，即隐藏该标题大纲下的内容，只显示标题，效果如图9-3所示。

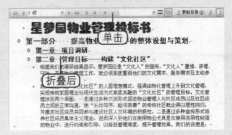

图9-3　折叠大纲

4️⃣ 保持鼠标光标的位置不变，单击"大纲"工具栏中的"展开"按钮⊞或双击该标题前的大纲符号⊕，即可再次将其展开。

5️⃣ 在"大纲"工具栏中的"显示级别"下拉列表框中选择要显示的最低标题级别，如选择"显示级别2"选项，即可折叠所有2级标题下的内容，效果如图9-4所示。

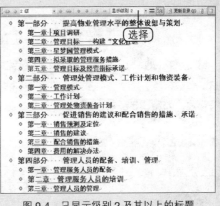

图9-4　只显示级别2及其以上的标题

☀ 操作提示

在"显示级别"下拉列表框中选择"显示所有级别"选项，便可显示出所有级别，即展开所有的标题。

9.1.3 使用多级符号列表

多级符号列表的功能是为各个级别的标题分别不同的项目编号。下面为"小说"文档中的大纲应用多级符号列表。

1 打开"小说"文档(光盘:\素材\第9章),选择【视图】→【大纲】菜单命令,切换到大纲视图。

2 在大纲视图下选择所有要应用多级符号列表的标题,如选择除1级标题"我的小说"外的所有标题,然后选择【格式】→【项目符号和编号】菜单命令,如图9-5所示。

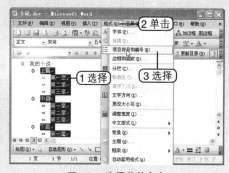

图9-5　选择菜单命令

3 在打开的"项目符号和编号"对话框中单击"多级符号"选项卡,在下方选择一种多级符号格式,如图9-6所示。

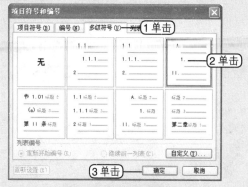

图9-6　选择多级符号样式

4 单击 确定 按钮,返回大纲视图即可查看添加多级符号后的效果,如图9-7所示。

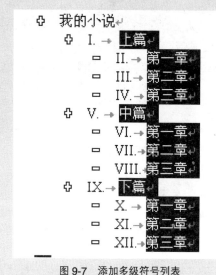

图9-7　添加多级符号列表

操作提示

如果要清除多级符号列表只需在"项目符号和编号"对话框中选择"无"选项或单击选择要删除的多级符号后按【Delete】键即可。

在新文档中创建标题的同时创建多级符号列表的具体操作如下。

1 新建一篇Word文档,选择【视图】→【大纲】菜单命令,切换到大纲视图。

2 选择【格式】→【项目符号和编号】菜单命令,打开"项目符号和编号"对话框,单击"多级符号"选项卡,在下方的列表框中单击一种样式,如图9-8所示,单击 确定 按钮。

3 返回文档编辑界面输入列表文本,每一个标题输入完毕后按【Enter】键,对应的多级符号将自动插入到每行的行首,在输入过程中需单击"提升"按钮 或"降低"按钮 改变标题级别，如图 9-9 所示。

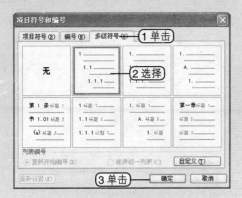

图 9-8　选择多级符号样式

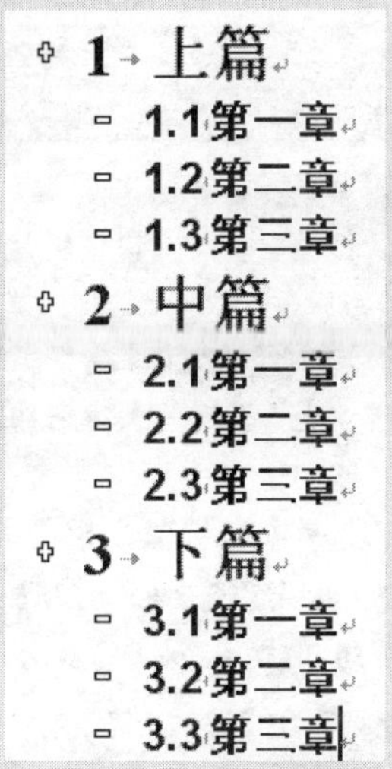

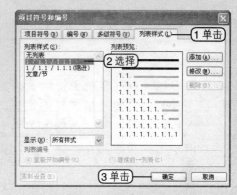
图 9-9　输入标题

9.1.4　套用列表样式

下面在"标题列表样式"文档中为所有标题套用列表样式。

1 打开"标题列表样式"文档（光盘:\素材\第9章），选择【视图】→【大纲】菜单命令切换到大纲视图。

2 按【Ctrl+A】组合键选择所有标题，选择【格式】→【项目符号和编号】菜单命令

打开"项目符号和编号"对话框，单击"列表样式"选项卡，在"列表样式"列表框中选择"1/1.1/1.1.1"选项，如图 9-10 所示，单击"确定"按钮。

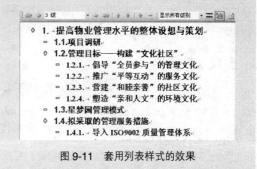

图 9-10　选择列表样式

3 返回大纲视图即可查看套用标题列表样式后的效果，如图 9-11 所示。

图 9-11　套用列表样式的效果

9.1.5　自测练习及解题思路

1．测试题目

第1题　打开"投标书"文档并切换到大纲视图，只显示文档的3级标题。

第2题　在"投标书"文档中将选中文本的大纲级别提升2级。

2．解题思路

第1题　选择【视图】→【大纲】菜单命令切换到大纲视图，在"大纲"工具栏中的"显示级别"下拉列表框中选择"显示级别3"选项即可。

第2题　选择【视图】→【大纲】菜单命令，切换到大纲视图，在"大纲"工具栏中单击"提升"按钮两次即可。

9.2　创建主控文档和子文档

考点分析：本节内容对于初学者来说可能会难于理解，其实初学者只需掌握其中几个基本操作就可以了。虽然本节内容不是常考的，出现考题的几率比较小，但也不可忽视。

学习建议：熟悉主控文档的创建方式以及调整与合并子文档的方法。

9.2.1　创建主控文档

如果一篇文档太长而影响浏览，可将其分解成多个子文档，子文档被分解出来后还可以合并成一篇完整的文档。

1．创建主控文档

在创建主控文档之前需要在电脑中为其创建一个专用文件夹，然后将要创建主控文档的文档存入该文件夹。

下面为"秘书手册"文档创建主控文档。

① 打开"秘书手册"文档（光盘:\素材\第9章）并切换到大纲视图，拖动滚动条至下面的第一章内容位置，单击第一章标题前的大纲符号选择该标题，此时该标题下的子标题将同时被选择，如图9-12所示。

② 在"大纲"工具栏中单击"创建子文档"按钮，即可创建如图9-13所示的子文档，创建后在子文档的前后都将插入一个连续的分节符。

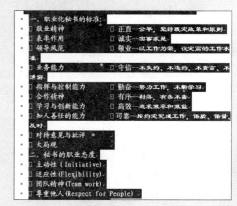

图9-12　选择子文档的标题

③ 用与步骤1和步骤2相同的方法在文档中为其他标题创建子文档，完成后选择【文件】→【保存】菜单命令，或单击"常用"工具栏中的"保存"按钮，在创建的专用文件夹中将生成用子文档首行标题命名的所有子文档，如图9-14所示（光盘:\效果\第9章\创建子文档\）。

图9-13　创建的子文档

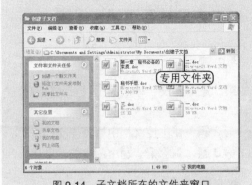

图 9-14　子文档所在的文件夹窗口

2．插入子文档

在主控文档中可以插入原有的 Word 文档作为子文档，其具体操作如下。

1 打开前面创建了子文档的"秘书手册"（光盘:\效果\第9章\创建子文档）并切换到大纲视图，此时各子文档折叠显示的是路径，在"大纲"工具栏中单击"展开子文档"按钮便可展开所有的子文档，如图 9-15 所示。

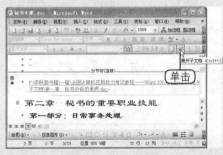

图 9-15　展开子文档

2 展开后将鼠标光标定位到原有子文档的空行中，在"大纲"工具栏中单击"插入子文档"按钮。

3 打开"插入子文档"对话框，在"查找范围"下拉列表框中选择要插入的子文档所在的位置，在中间的列表框中选择要插入

的子文档，如图 9-16 所示，单击 打开(Q) 按钮将之插入主控文档中，最后保存主控文档。

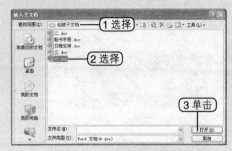

图 9-16　选择要插入的子文档

9.2.2　调整与合并子文档

对子文档进行调整前需打开主控文档并选择要调整的子文档，然后可进行如下几种调整。

◆ 在"大纲"工具栏中单击"展开子文档"按钮可将处于折叠状态的子文档展开。

◆ 在"大纲"工具栏中单击"锁定文档"按钮可将子文档锁定，再次单击该按钮即可解锁。

◆ 在"大纲"工具栏中单击"主控文档视图"按钮可显示或隐藏子文档图表。

◆ 要删除子文档可选择该子文档后按【Delete】键。

◆ 要对子文档的顺序进行重排可将其拖动到需要的位置。

下面将"秘书手册"中的子文档合并到主控文档中。

1 打开"秘书手册"文档（光盘:\效果\第9章\创建子文档），在"大纲"视图中单击第一个子文档左上角的标记将其选择，在"大纲"工具栏中单击"展开子文档"按钮展开

子文档,如果子文档被锁定还需要单击"锁定文档"按钮 将其解锁。

2 单击"大纲"工具栏中的"删除子文档"按钮 ,此时将删除子文档,并将内容合并到原文档中,如图9-17所示。

图 9-17　删除子文档

3 用相同的方法删除主控文档中所有的子文档,然后单击"常用"工具栏中的"保存"按钮即可将合并后的文档保存。

9.2.3　自测练习及解题思路

1．测试题目

第1题　将文档中的第一段正文创建为子文档。

第2题　在主控文档中展开子文档。

第3题　删除第1题中创建的子文档。

2．解题思路

第1题　打开任一篇文档,切换到大纲视图,选择第一段文字,在"大纲"工具栏中单击"创建子文档"按钮。

第2题　切换到大纲视图,单击"大纲"工具栏中的"展开子文档"按钮。

第3题　切换到大纲视图,选择子文档后单击"大纲"工具栏中的"删除子文档"按钮。

9.3　使用引用

考点分析:本节虽是考试大纲要求了解的内容,但考题中一般会有这方面的考点,主要集中在创建脚注和尾注,以及创建索引和目录这两方面的内容。

学习建议:掌握创建脚注和尾注的方法以及创建索引和目录的方法,了解创建题注、创建交叉引用和使用域的方法。

9.3.1　创建脚注和尾注

脚注位于页面末尾,其功能是为该页中的文本提供注释,而尾注是位于一节或一篇文档的末尾,其功能是对整节或整篇文档进行说明。

1．插入脚注和尾注

在文档中插入脚注和尾注的方法相同,下面以在"读后感"文档中插入脚注"卖火柴的小女孩"为例进行介绍。

1 打开"读后感"文档(光盘:\素材\第9章),将鼠标光标定位到页末要插入脚注的位置,选择【插入】→【引用】→【脚注和尾注】菜单命令,如图9-18所示。

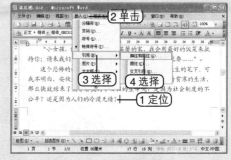

图 9-18　选择菜单命令

2 打开"脚注和尾注"对话框，在"位置"栏下选中"脚注"单选项，在后面的下拉列表框中选择"页面底端"选项，如图9-19所示，根据需要还可设置编号格式，完成后单击 插入(I) 按钮。

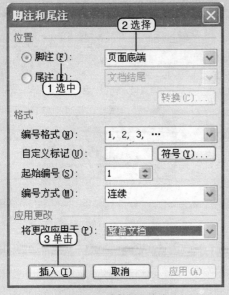

图9-19　选择插入脚注

3 返回文档编辑界面，文本插入点将自动定位到插入脚注的位置，输入脚注"卖火柴的小女孩"，如图9-20所示，完成脚注的插入后在插入点处会出现带有编号的注释引用标记。

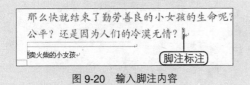

图9-20　输入脚注内容

2．查看脚注和尾注

要查看在文档中插入的脚注和尾注有如下几种方法。

方法1：将鼠标光标指向脚注或尾注的注

释引用标记，此时屏幕上将显示插入的脚注或尾注内容，如图9-21所示。

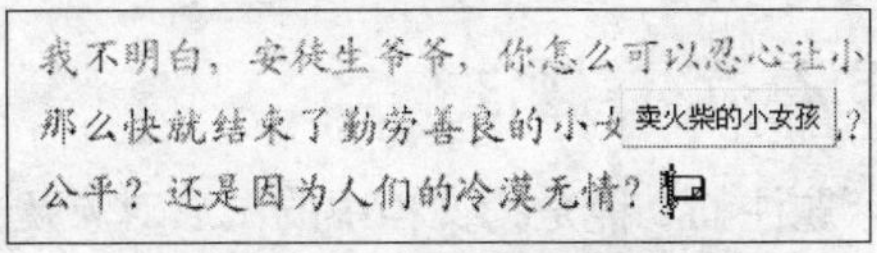

我不明白，安徒生爷爷，你怎么可以忍心让小那么快就结束了勤劳善良的小女～公平？还是因为人们的冷漠无情？

图9-21　查看脚注内容

方法2：选择【视图】→【页面】菜单命令，切换到页面视图，拖动垂直滚动条到页末或文档末尾可查看添加的脚注或尾注。

方法3：选择【视图】→【普通】菜单命令，切换到普通视图，选择【视图】→【脚注】菜单命令可自动跳转到脚注位置。若文档中既有脚注又有尾注，则会打开"查看脚注"对话框，在其中可选择查看脚注或尾注。

3．转换脚注和尾注

在文档中转换脚注和尾注的具体操作如下。

1 选择【视图】→【普通】菜单命令，切换到普通视图，选择【视图】→【脚注】菜单命令，打开如图9-22所示的注释窗格。

图9-22　打开注释窗格

2 在"脚注"下拉列表框中选择"所有脚注"选项后，有如下两种方法可在注释、脚注和尾注之间转换。

◇ 选择要转换的脚注，单击鼠标右键，在弹出的快捷菜单中选择"转换为尾注"菜单命令即可。

◇ 要将所有注释转换为脚注或尾注，可选择【插入】→【引用】→【脚注】

菜单命令，单击 转换(C)... 按钮，在打开的对话框中进行对应的转换即可。

9.3.2 创建题注

题注的功能是为文档中的图形对象及文字对象添加编号或文字注释，如表格、图片、图表以及公式等。下面讲解插入题注和自动添加题注的方法。

1．插入题注

下面为"读后感"文档插入题注。

【1】打开"读后感"文档（光盘:\素材\第9章），在图片下方单击鼠标左键定位文本插入点，选择【插入】→【引用】→【题注】菜单命令。

【2】在打开的"题注"对话框中单击 新建标签(N)... 按钮，在打开的"新建标签"对话框中输入"图"，如图 9-23 所示，单击 确定 按钮新建标签。

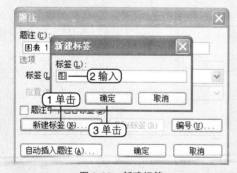

图 9-23　新建标签

【3】返回"题注"对话框，在"标签"下拉列表框中选择"图"选项，在"题注"文本框中输入"卖火柴的小女孩"文本，若不输入则默认为"图"，如图 9-24 所示。

【4】单击 确定 按钮，即可在图片下方插入题注，最终效果如图 9-25 所示。

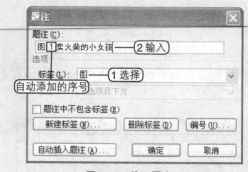

图 9-24　输入题注

图 9-25　插入题注

2．自动添加题注

在文档中自动添加题注具体操作如下。

【1】打开要自动添加题注的文档，选择【插入】→【引用】→【题注】菜单命令，打开"题注"对话框。

【2】在"题注"对话框中单击 自动插入题注(A)... 按钮。

【3】在打开的如图 9-26 所示的"自动插入题注"对话框的"插入时添加题注"列表框中选中要自动插入题注对象前的复选框，在下方"选项"栏中对要插入的题注使用的标签和位置进行设置后单击 确定 按钮。

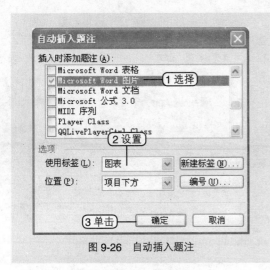

图 9-26　自动插入题注

9.3.3　创建交叉引用

通过插入交叉引用可以引用同一文档中的其他内容，被引用的对象可以是内置样式的标题、题注、脚注、尾注、标签、图表和文字等。下面在"投标书"文档末尾的空白位置引用第 1 章的标题文字。引用后按住【Ctrl】键不放单击它，即可链接到第 1 章的内容。

1 打开"投标书"文档（光盘:\素材\第 9 章），按【Ctrl+End】键切换到文档末尾，再将鼠标光标定位到文档末尾的空白行，选择【插入】→【引用】→【交叉引用】菜单命令，如图 9-27 所示。

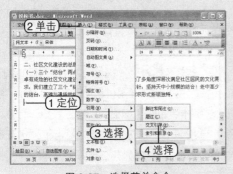

图 9-27　选择菜单命令

2 在打开的"交叉引用"对话框的"引用类型"下拉列表框中选择"标题"选项，在"引用内容"下拉列表框中选择"标题文字"选项，在"引用哪一个标题"列表框中选择"第一章项目调研"的标题，如图 9-28 所示。

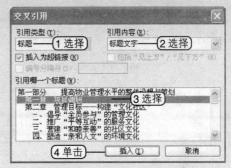

图 9-28　选择交叉引用项目

3 单击 插入(I) 按钮关闭"交叉引用"对话框，引用后的效果如图 9-29 所示。

图 9-29　创建的交叉引用

9.3.4　使用域

在 Word 2003 中，代表性质相同的一种元素即可称之为"域"，如列表编号、题注、索引、目录以及能自动更新的日期和时间等，使用域是实现文档自动化的重要方法。

在 Word 中插入题注、列表编号、索引、目录以及能自动更新的日期和时间时，都是以域的方式插入文档的。如前面图 9-25 中插入的题注便是一种域，在其编号1域上单击鼠标右键，在弹出的快捷菜单中选择"切换域代码"菜单命令，便可将其转换为域代码，如图9-30所示。再次选择该命令便可显示结果，即"1"。

图9-30　显示域代码

对于文档中插入的域还可以进行以下几种操作。

◆ 更新域：在域上单击鼠标右键，在弹出的快捷菜单中选择"更新域"菜单命令即可更新域。如在插入了题注的"读后感"文档中若再插入一张图片，并将原题注复制到新图片下方，通过更新域操作便可将题注自动更新为"图2"，如图9-31所示。

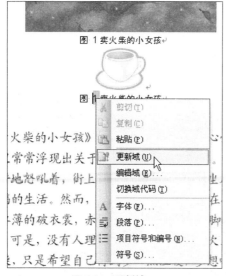

图9-31　更新域

◆ 编辑域：在域上单击鼠标右键，在弹出的快捷菜单中选择"编辑域"菜单

命令，打开"域"对话框，在"类别"下拉列表框中可以选择要编辑的"域"的类别，在"域名"列表框中选择要编辑的域，在对话框右侧将出现针对该域可进行的设置，如图9-32所示即为"页码"域的设置界面。

图9-32　编辑域

9.3.5　创建索引和目录

如果在文档中使用了Word内置的标题样式，则可以使用"索引和目录"功能自动创建索引和目录。

1．创建索引

索引的作用是将文档中指定的关键词条以及其对应的页码罗列出来以方便读者通过关键词查找内容。创建索引包括标记索引和生成索引目录两大步骤。

下面在"秘书手册"文档中创建索引。

① 打开"秘书手册"文档（光盘：\素材\第9章），拖动鼠标选择目录中第1章的标题"秘书必备的素质"文本。

② 选择【插入】→【引用】→【索引和目录】菜单命令，在打开的【索引和目录】对话框的"索引"选项卡中单击"标记索引项"按钮，打开如图9-33所示的"标记索引项"对话框，也可通过【Alt+Shift+X】键打开，选择的文本将在"主索引项"文本框中出现。

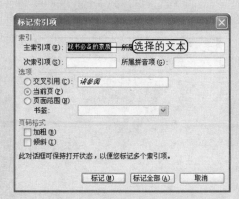

图 9-33 "标记索引项"对话框

3 单击 标记(M) 按钮可标记该词条，若单击 标记全部(A) 按钮，文档中所有与该词条相同的文本将被标记，如图 9-34 所示。

图 9-34 对所选内容进行标记

4 按【Ctrl+End】键将鼠标光标定位到文档末尾，选择【插入】→【引用】→【索引和目录】菜单命令，打开"索引和目录"对话框，单击"索引"选项卡，在"栏数"数值框中输入"1"，在"排序依据"下拉列表框中选择"拼音"选项，如图 9-35 所示。

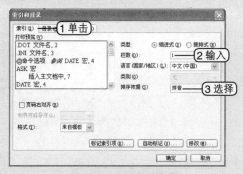

图 9-35 设置索引选项

5 单击 确定 按钮即可在文档末尾插入

索引，如图 9-36 所示。

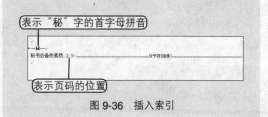

图 9-36 插入索引

操作提示

对所选内容进行标记后将在该位置出现域代码，该代码不会出现在打印文档中，如需隐藏，只需单击"常用"工具栏中的"显示 / 隐藏编辑标记"按钮 即可。

2. 自动生成目录

下面在"秘书手册"文档中使其自动生成目录。

1 打开"秘书手册"文档（光盘:\素材\第 9 章），按【Ctrl+End】组合键将鼠标光标定位到文档末尾，选择【插入】→【引用】→【索引和目录】菜单命令。

2 在打开的"索引和目录"对话框，单击"目录"选项卡，在"显示级别"数值框中输入"4"，如图 9-37 所示。

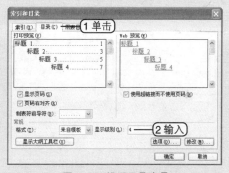

图 9-37 设置目录选项

3 单击 确定 按钮，即可在文档末尾插入自动生成的目录，效果如图 9-38 所示。

3. 创建图表目录

如果为文档中的插图、图表或者表格使用了"自动插入题注"功能，则可以为文档创建图表目录。下面在文档中创建图表目录，其具体操作如下。

图 9-38　自动生成目录

❶ 打开要创建图表目录的文档，将鼠标光标定位到文档末尾，选择【插入】→【引用】→【索引和目录】菜单命令。

❷ 在打开的"索引和目录"对话框中单击"图表目录"选项卡，在"常规"栏中的"题注标签"下拉列表框中选择"图"选项，选中其后的"包括标签和编号"复选框，如图 9-39 所示。

❸ 单击 确定 按钮，即可在鼠标光标所在位置插入图表目录。

图 9-39　设置图表目录

9.3.6　自测练习及解题思路

1. 测试题目

第1题　在"秘书手册"文档中插入一个交叉引用，引用类型为"标题"，并且插入为超链接，引用标题为最后一个标题。

第2题　在"投标书"文档末尾添加一个图表目录，格式为古典。

第3题　为"投标书"文档创建目录，目录格式为简单，显示级别为 3 级，并且设置页码右对齐，前导符为最后一种。

第4题　将"秘书手册"文档中的"秘书"词条都标记为索引。

2. 解题思路

第1题　将鼠标光标定位到目录中最后一个标题末尾，选择【插入】→【引用】→【交叉引用】菜单命令，在打开的"交叉引用"对话框的"引用类型"下拉列表框中选择"标题"选项，再选择对应的引用内容和编号项即可。

第2题　将鼠标光标定位到文档末尾，选择【插入】→【引用】→【索引和目录】菜单命令，在打开的"索引和目录"对话框中单击"图表目录"选项卡，在"格式"下拉列表框中选择"古典"选项即可。

第3题　打开文档并将鼠标光标定位到文档末尾，选择【插入】→【引用】→【索引和目录】菜单命令，在打开的"索引和目录"对话框中单击"目录"选项卡，在"显示级别"数值框中输入"3"，选中"页码右对齐"复选框，在"制表符前导符"下拉列表框中选择第 1 种，单击 确定 按钮。

第4题　打开文档，拖动鼠标选中"秘书"文本，按【Alt+Shift+X】组合键打开"标记索引项"对话框，选择的文本将在"主索引项"文本框中出现，单击 标记全部(A) 按钮即可将文档中所有与该词条相同的文本标记为索引。

第 **10** 章 ▸制作批量文档◂

批量文档是指制作信封、标签、请柬、通知书等大量形式和内容相同，但姓名、地址等各不相同的文档，这类文档的主体内容相同，这部分称为主文档，主文档只需制作一份，而其中的姓名和地址等要改变的信息称为数据源（可以放在 Excel 表格或 Access 数据库中），根据数据源便可自动更新并制作批量文档，提高工作效率。本章将详细讲解创建中国邮政和国际邮政信封，制作标签，创建批量信封、信函，创建文字型、复选框型、下拉型窗体域，为窗体添加文字，保护窗体，以及使用和打印窗体等。

10.1　制作信封和标签

考点分析：这是常考内容。考生需要注意的是操作过程步骤较多，但大部分是直接单击"下一步"按钮，考生要有耐心把题做完，同时答题前需要查看所要求的参数设置，只要找准方向，进入相应的创建向导，后面的操作就比较简单了。

学习建议：重点掌握中国邮政信封和国际邮政信封的创建方法，并熟悉标签的创建方法。

10.1.1　创建信封

下面讲解中国邮政信封和国际邮政信封的创建方法。

1．创建中国邮政信封

创建中国邮政标准信封的具体操作如下。

■1 选择【工具】→【信函与邮件】→【中文信封向导】菜单命令，打开"信封制作向导"对话框，单击 下一步>(N) 按钮，如图 10-1 所示。

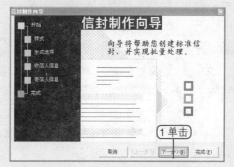

图 10-1　"信封制作向导"对话框

2 在打开的"请选择标准信封样式"对话框中的"信封样式"下拉列表框中选择信封的样式与尺寸，如选择"普通信封3：(176×125 毫米)"选项，如图 10-2 所示，单击 下一步>(N) 按钮。

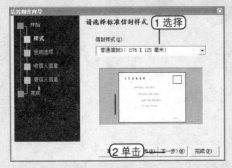

图 10-2　选择信封样式

3 在打开的"怎样生成这个信封？"对话框中选中"生成单个信封"单选项，选中对话框下方的"打印邮政编码边框"复选框，如图 10-3 所示，单击 下一步>(N) 按钮。

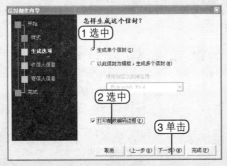

图 10-3　设置生成选项

4 在打开的"请输入收信人的姓名、地址、邮编"对话框中的"姓名"、"职务"、"地址"和"邮编"文本框中分别输入收信人的详细资料，这里分别输入"张三"、"经理"、"北京市大业路 3 号"和"111111"，如图 10-4 所示，单击 下一步>(N) 按钮。

5 在打开的"请输入寄信人姓名、地址、邮编"对话框的"姓名"、"地址"和"邮编"文本框中分别输入寄信人的详细资料，这里输入

"李四"、"成都市人民北路 1 号"和"222222"，单击 下一步>(N) 按钮，如图 10-5 所示。

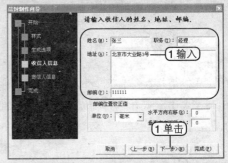

图 10-4　输入收信人详细资料

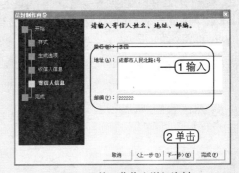

图 10-5　输入收信人详细资料

6 完成整个信封的制作过程，在打开的如图 10-6 所示的对话框中单击 完成(F) 按钮，制作的中国邮政标准信封如图 10-7 所示。

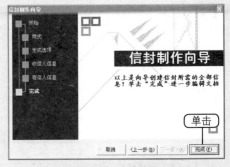

图 10-6　完成设置

图 10-7　制作的信封

2．创建国际邮政信封

创建国际邮政标准信封的具体操作如下。

1 选择【工具】→【信函与邮件】→【信封和标签】菜单命令。

2 在打开的"信封和标签"对话框中单击"信封"选项卡，分别在"收信人地址"和"寄信人地址"对话框中输入地址信息，如图10-8所示。

3 单击 选项(O)… 按钮，将打开如图10-9所示的"信封选项"对话框，单击"信封选项"选项卡，在其中对信封尺寸和信封字体等进行设置，完成后单击 确定 按钮返回"信封和标签"对话框。

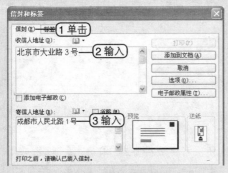

图 10-8　输入地址信息

4 在"信封和标签"对话框中将出现

信封的预览图，确认无误后可进行如下两种操作。

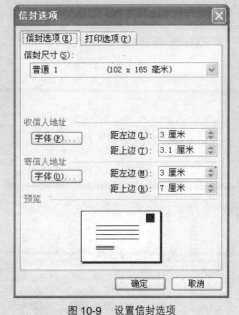

图 10-9　设置信封选项

◆ 单击 打印(P) 按钮可将设置好的信封打印出来。

◆ 单击 添加到文档(A) 按钮可将信封附加到文档备用。

10.1.2　制作标签

标签可用于制作地址条、卡片和不干胶等。下面在A4纸中制作一个地址条标签。

1 选择【工具】→【信函与邮件】→【信封和标签】菜单命令。

2 在打开的"信封和标签"对话框中单击"标签"选项卡，在"地址"文本框中输入地址"成都市人民北路1号"并在"打印"栏下选中"全页为相同标签"单选项，如图10-10所示。

3 单击 选项(O)… 按钮，在打开的

"标签选项"对话框中的"标签产品"下拉列表框中选择"Avery A4 和 A5 幅面"选项，如图10-11 所示。

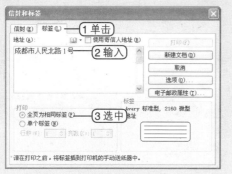

图 10-10　输入地址信息并设置打印选项

图 10-11　设置标签选项

　设置完成后单击 确定 按钮，返回"信封和标签"对话框，单击 新建文档(D) 按钮，即可将制作的标签建立到文档中，效果如图 10-12 所示，再对其进行保存或打印操作。

图 10-12　将标签建立到文档

10.1.3　自测练习及解题思路

1．测试题目

第 1 题　在 A4 纸上创建产品标签，产品名为"计算机考试"。

第 2 题　创建一个样式为"普通信封 2"的中国邮政信封。

第 3 题　创建一个英文信封，要求信封尺寸为 10 型。

2．解题思路

第 1 题　选择【工具】→【信函与邮件】→【信封和标签】菜单命令，在打开的"信封和标签"对话框中单击"标签"选项卡，在"地址"文本框中输入"计算机考试"并在"打印"栏中选中"全页为相同标签"单选项，单击 选项(O)... 按钮，在打开的"标签选项"对话框中的"标签产品"下拉列表框中选择"Avery A4 和 A5 幅面"选项，单击 确定 按钮。

第 2 题　略。

第 3 题　略。

10.2　制作大量邮件

考点分析：制作大量邮件实际上就是应用了邮件合并的功能，由于操作步骤较多，考题一般会截取其中的某一个操作进行考查，如添加数据源等。同时对创建批量信函的命题的几率较高，考生要注意掌握其创建步骤。

学习建议：熟练掌握"邮件合并"任务窗格的使用，掌握创建批量信函的方法，熟悉批量信封的创建方法。

10.2.1　创建批量信封

要制作批量信封，可以先用前面的方法创建单个信封，将其作为邮件合并的主文档，再添加数据源即可。下面使用"中国邮政信封"文档为模板进行批量信封的创建。

① 打开"中国邮政信封"文档（光盘:\素材\第10章），选择【视图】→【工具栏】→【邮件合并】菜单命令，打开如图10-13所示的"邮件合并"工具栏。

图10-13　"邮件合并"工具栏

② 单击"打开数据源"按钮，打开"选取数据源"对话框，选择要使用的数据源文件，这里选择"联系单位"文档（光盘:\素材\第10章），单击 打开(O) 按钮，如图10-14所示。

③ 单击"邮件合并"工具栏中的"收件人"按钮，在打开的"邮件合并收件人"对话框中选择要添加的收件人，如图10-15所示，完成后单击 确定 按钮关闭对话框。

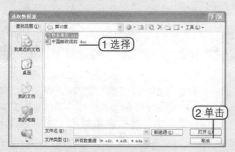

图10-14　选取数据源

④ 将鼠标光标定位到邮政编码的第一个文本框中，单击"邮件合并"工具栏中的"插入域"按钮，在打开的"插入合并域"对话框的"域"列表框中选择"邮政编码"选项，如图10-16所示，单击 确定 按钮插入邮政编码域。

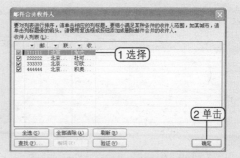

图10-15　"邮件合并收件人"对话框

☀ **操作提示**

选择邮件合并收件人时可以单击左下角的 下一步>(N) 按钮选择全部收件人或单击 全部清除(A) 按钮取消选择。如果所列的收件人过多还可以单击 查找(F)... 按钮快速查找。

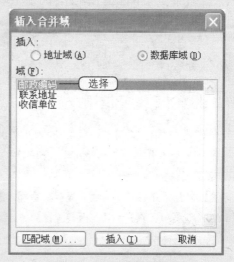

图10-16　插入邮政编码域

⑤ 用同样的方法将需要的域插入文档的相应位置，如图10-17所示。

⑥ 单击"邮件合并"工具栏中的"查看合并数据"按钮，可对合并后的效果进行预览，如图10-18所示。

图 10-17 插入其他域

图 10-18 预览合并效果

7 确定无误后即可单击工具栏中的"合并到新文档"按钮 进行合并，然后将文档保存即可。

10.2.2 创建批量信函

创建批量信函实际上是使用"邮件合并"任务窗格创建套用信函，下面以"介绍信"文档为模板创建批量信函。

1 打开"介绍信"文档（光盘:\素材\第10章），选择【工具】→【信函与邮件】→【邮件合并】菜单命令。

2 在打开的"邮件合并"任务窗格的"选择文档类型"栏中选中"信函"单选项，如图10-19所示，单击"下一步 正在启动文档"超级链接。

3 在打开的"选择开始文档"栏中选中"使用当前文档"单选项，如图10-20所示，单击"下一步 选取收件人"超级链接。

4 在打开的"选择收件人"栏中选中"使

用现有列表"单选项并单击"浏览"超级链接，在打开的"选取数据源"对话框中选择"联系人"文档（光盘:\素材\第10章），如图10-21所示，单击 打开(O) 按钮。

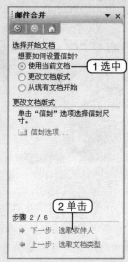

图 10-19 选择文档类型　　图 10-20 选择开始文档

图 10-21 选取数据源

5 单击"下一步"超级链接，选择文档中要插入姓名域的文本，单击"其他项目"超级链接，在打开的"插入合并域"对话的"域"列表框中选择"姓名"选项，如图10-22所示，单击 按钮。

6 用同样的方法在文档中插入"职务"域，如图10-23所示，单击"下一步 预览信函"超级链接开始预览信函。

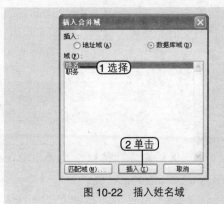

图 10-22　插入姓名域

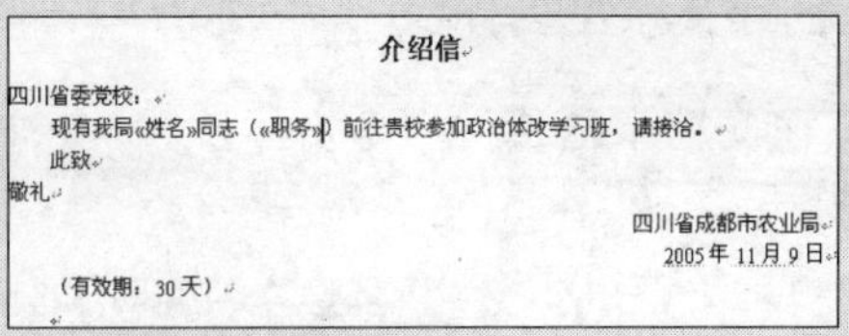

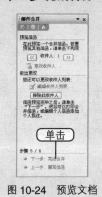

介绍信

四川省委党校：

现有我局«姓名»同志（«职务»）前往贵校参加政治体改学习班，请接洽。

此致

敬礼

四川省成都市农业局

2005年11月9日

（有效期：30天）

图 10-23　插入域

⑦ 在“邮件合并”任务窗格中可对收件人进行逐一预览或更改收件人，如图 10-24 所示，单击“下一步：完成合并”超级链接。

图 10-24　预览文档

⑧ 在打开的“合并到新文档”对话框中选择需要合并到新文档的记录，默认为全部，单击 确定 按钮，如图 10-25 所示。

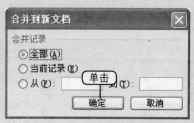

图 10-25　合并到新文档

⑨ Word 将会把所有介绍信合并到同一个文档中，保存该文档即可。

10.2.3　自测练习及解题思路

1．测试题目

第 1 题　使用“邮件合并”功能制作 20 份邀请函。

第 2 题　为“创建批量信封”文档修改收件人信息，将“杜可风科技有限公司”收件人取消。

2．解题思路

第 1 题　略。

第 2 题　略。

10.3　使用窗体

考点分析：对本节知识点命题的几率较低，若有这方面的考题，一般会对窗体的创建进行考查，不会有太难的考题出现。考生可适当了解几种常用窗体的创建方法即可，不用花费过多的时间去研究各种窗体的应用。

学习建议：掌握几种常用窗体的创建方法，对于其他知识点适当了解即可。

10.3.1　创建常用窗体

常用窗体包括文字型窗体域、复选框型窗

体域、下拉型窗体域。除了创建常用窗体外，还有为窗体添加文字与保护窗体等。

创建窗体是通过使用如图10-26所示的"窗体"工具栏进行的，其打开方法为选择【视图】→【工具栏】→【窗体】菜单命令。

图10-26 "窗体"工具栏

其各按钮的作用如下。

◈ 单击"文字型窗体域"按钮 <u>ab</u> 可插入文字型窗体域。

◈ 单击"复选框型窗体域"按钮 ☑ 可插入复选框型窗体域。

◈ 单击"下拉型窗体域"按钮 <u>▥</u> 可插入下拉型窗体域。

◈ 单击"窗体域选项"按钮 <u>▤</u> 将打开与所选窗体域对应的"窗体域选项"对话框，并对窗体进行设置、如图10-27所示为"文字型窗体域选项"。

图10-27 窗体域对话框

◈ 单击"窗体域底纹"按钮 <u>a</u> 可显示或隐藏窗体底纹。

◈ 单击"插入图文框"按钮 <u>▦</u> 并在文档编辑区域按住鼠标左键并拖动可绘制图文框，窗体可以放置于图文框中，以便在文档中进行定位以及设置窗体所在区域的格式等。

◈ 单击"重新设置窗体域"按钮 <u>▨</u> 可还原窗体、清除处理窗体时输入的信息。

◈ 单击"保护窗体"按钮 <u>▤</u> 可锁定窗体或解除窗体的锁定状态。

1．创建文字型窗体域

在文档中创建文字型窗体域的具体操作如下。

① 新建一篇 Word 文档，将鼠标光标定位到要插入文字型窗体域的位置，选择【视图】→【工具栏】→【窗体】菜单命令，打开"窗体"工具栏。

② 在"窗体"工具栏中单击"文字型窗体域"按钮 <u>ab</u> 即可在文档中插入一个文字型窗体域，如图10-28所示。

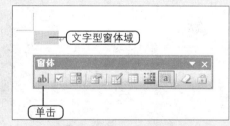

图10-28 插入文字型窗体域

③ 在工具栏中单击"窗体域选项"按钮 <u>▤</u>，或双击窗体，或在窗体上单击鼠标右键并在弹出的快捷菜单中选择"属性"菜单命令，均打开如图10-27所示的"文字型窗体域选项"对话框，其各选项的作用如下。

◈ 在"类型"下拉列表框中可以对文字型窗体域默认的内容设置类型，通常为"常规文字"。

◈ 在"默认文字"下拉列表框中可以设置默认常规文字。

◈ 在"最大长度"数值框中可以输入默认文字的最大字符数。

◈ 在"文字格式"下拉列表框中可以设置默认的文字格式，如文本的大写、小写等格式限制。

◈ 在"书签"文本框中可以为文字型窗体域自定义域名，需要注意的是不可以有重复域名且域名最好为非中文。

2．创建复选框型窗体域

在文档中创建复选框型窗体域的具体操作如下。

[1] 新建一个模板格式文档，将鼠标光标定位到要插入复选框型窗体域的位置，选择【视图】→【工具栏】→【窗体】菜单命令，打开"窗体"工具栏。

[2] 在"窗体"工具栏中单击"复选框型窗体域"按钮☑即可在文档中插入一个复选框型窗体域，如图10-29所示。

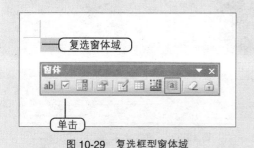

图 10-29　复选框型窗体域

[3] 在工具栏中单击"窗体域选项"按钮，或双击窗体，或在窗体上单击鼠标右键并在弹出的快捷菜单中选择"属性"菜单命令，均可打开如图10-30所示的"复选框型窗体域选项"对话框。

图 10-30　"复选框型窗体域选项"对话框

其各选项的作用如下。

◈ 在"复选框大小"栏中选中"自动"单选项时将自动调整窗体大小；当选中"固定"单选项时将根据其后的数值框中数值的大小调整窗体大小。

◈ 在"默认值"栏中选中"未选中"单选项时窗体将呈未选中状态；当选中"选中"单选项时则呈选中状态。

◈ 同样在"域设置"栏中的"书签"文本框中可以为该窗体域设置域名，不可以有重复域名且域名最好为非中文。

3．创建下拉型窗体域

在文档中创建下拉型窗体域的具体操作如下。

[1] 新建一个模板格式文档，将鼠标光标定位到要插入下拉型窗体域的位置，选择【视图】→【工具栏】→【窗体】菜单命令，打开"窗体"工具栏。

[2] 在"窗体"工具栏中单击"下拉型窗体域"按钮，即可在文档中插入一个下拉型窗体域，如图10-31所示。

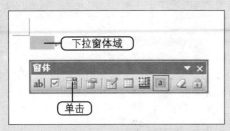

图 10-31　下拉型窗体域

3 在工具栏中单击"窗体域选项"按钮，或双击窗体，或在窗体上单击鼠标右键并在弹出的快捷菜单中选择"属性"菜单命令，均可打开如图 10-32 所示的"下拉型窗体域选项"对话框。

其各选项作用如下。

◆ 在"下拉项"文本框中输入项目名称，再单击其下的 添加(A)>> 按钮，即可将其添加到下拉型窗体域中。

◆ 下拉型窗体域中原有的或新添加的项目都将显示在对话框右侧的"下拉列表中的项目"列表框中。

◆ 同样在"域设置"栏中的"书签"文本框中可以为该窗体域设置域名，不可以有重复域名且域名最好为非中文。

图 10-32　"下拉型窗体域选项"对话框

4．为窗体添加帮助文字

手动为窗体添加帮助文字的具体操作如下。

1 打开要为窗体添加帮助文字的文档，选择【视图】→【工具栏】→【窗体】菜单命令，打开"窗体"工具栏，单击"保护窗体"按钮 为窗体解除锁定。

2 在"窗体"工具栏中单击"窗体域选项"按钮，打开该窗体对应的选项对话框，单击 添加帮助文字(T)... 按钮。

3 在打开的"窗体域帮助文字"对话框中单击"状态栏"选项卡，如图 10-33 所示，此时可进行如下几种操作。

◆ 选中"无"单选项时将不添加窗体域帮助文字。

◆ 选中"'自动图文集'词条"单选项时可在其后的下拉列表框中选择要添加的窗体域帮助文字。

◆ 选中"自己键入"单选项时可在下方的文本框中自行输入要添加的窗体域帮助文字。

图 10-33　"窗体域帮助文字"对话框

4 在打开的"窗体域帮助文字"对话框中单击"F1 帮助键"选项卡，如图 10-34 所示，其各单选项的作用与"状态栏"选项卡中相应选项的作用相同。

5 窗体域帮助文字添加完毕后单击 确定 按钮，关闭对话框，在"状态栏"选项卡中添加的帮助文字将在状态栏中显示；在"F1 帮助键"选项卡中添加的帮助文字将在按下【F1】键时显示。

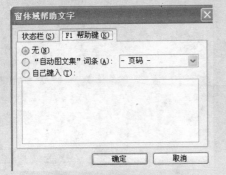

图 10-34 "窗体域帮助文字"对话框

5．保护窗体

在文档中保护窗体的具体操作如下。

① 打开要保护窗体的文档，选择【工具】→【保护文档】菜单命令，打开"保护文档"任务窗格。

② 在"编辑限制"栏中选中"仅允许在文档中进行此类编辑"复选框，在其下的下拉列表框中选择"填写窗体"选项，如图 10-35 所示。

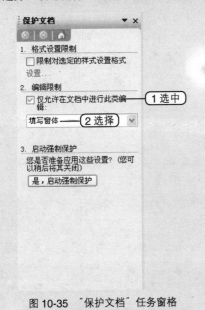

图 10-35 "保护文档"任务窗格

③ 单击 是，启动强制保护 按钮，将打开如图

10-36 所示的"启动强制保护"对话框，在其中的"新密码（可选）"和"确认新密码"文本框中输入相同的密码，单击 确定 按钮即可完成对窗体的保护。

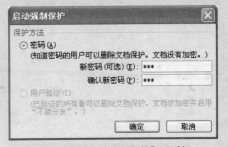

图 10-36 "启动强制保护"对话框

10.3.2 使用和打印窗体

使用窗体的具体操作如下。

① 选择【文件】→【新建】菜单命令，打开"新建文档"任务窗格，在"模板"栏下单击"本机上的模板"超级链接，如图 10-37 所示。

图 10-37 单击超级链接

② 在打开的"模板"对话框中单击"常用"选项卡，在下方的模板列表框中选择"文字型窗体域"模板选项，如图 10-38 所示，单击 确定 按钮。

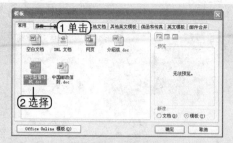

图 10-38　选择模板

3 Word 将根据所选模板创建一个带有窗体域的文档，如图 10-39 所示。

图 10-39　使用窗体新建的文档

保存窗体中的数据的具体操作如下。

1 打开已填写窗体内容的文档，选择【工具】→【选项】菜单命令。

2 在打开的"选项"对话框中单击"保存"选项卡，在"保存选项"栏下选中"仅保存窗体域内容"复选框，如图 10-40 所示，单击 确定 按钮。

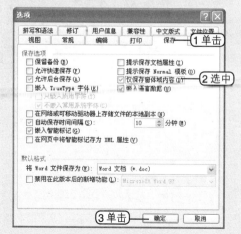

图 10-40　设置保存选项

3 如果是首次将窗体数据保存为文本文件，将打开如图 10-41 所示的"文件转换"对话框。

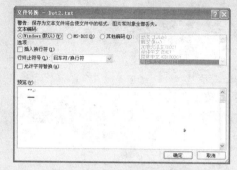

图 10-41　"文件转换"对话框

在该对话框中可进行如下操作。

◈ 在"文本编码"栏中选中"Windows（默认）"单选项时将采取 Windows 默认方式进行编码；选中"MS-DOS"单选项时将采取 MS-DOS 方式进行编码；选中"其他编码"单选项时，可在右侧的列表框中选择编码方式。

◈ 选中"插入换行符"复选框时将在行终止时自动插入换行符，另外可在"行终止符号"下拉列表框中选择换行符的类型。

◈ 在"预览"列表框中可以查看文件转换后的效果。

4 单击 确定 按钮即可完成对窗体数据的保存。

对窗体中的数据进行打印的具体操作如下。

1 打开包含窗体的文档，选择【工具】→【选项】菜单命令。

2 在打开的"选项"对话框中单击"打印中"选项卡，在"只用于当前文档的选项"栏中选中"仅打印窗体域内容"复选框，如图 10-42 所示，保持其他选项不变，单击 确定 按钮。

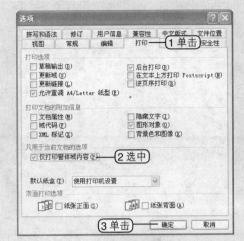

图 10-42　设置打印选项

③ 单击"常用"工具栏中的"打印"按钮即可对窗体中的数据进行打印。

10.3.3　自测练习及解题思路

1.测试题目

第 1 题　插入日期窗体域,格式为 yyyy 年 m 月 d 日(应加上默认文字为"2009 年 1 月 1 日")。

第 2 题　插入下拉型窗体域,包含"高中,专科,本科,硕士"4 个项目并设置窗体保护。

2.解题思路

第 1 题　选择【视图】→【工具栏】→【窗体】菜单命令,打开"窗体"工具栏,单击"文字型窗体域"按钮,插入一个文字窗体域,单击"窗体域选项"按钮打开"文字型窗体域选项"对话框,在其中对其类型和格式进行设置。

第 2 题　插入一个下拉型窗体域并单击"窗体域选项"按钮,打开"下拉型窗体域选项"对话框,在"下拉项"文本框中分别输入项目名称,再单击 添加(A) ▶▶ 按钮将其添加到下拉型窗体域中,单击 确定 按钮。